DIE SPORNSCHILDKRÖTE

GEOCHELONE SULCATA

Mario Herz

Spornschildkröte im Biotop Foto: H. Nickel

Inhalt

Bildnachweis:
Titel: Spornschildkröte mit eingezogenem Kopf   Foto: M. Herz
Kleines Bild: Männchen   Foto: M. Herz
Seite 1: Spornschildkröte mit eingezogenem Kopf   Foto: H. Nickel

ISBN 978-3-86659-141-7

© 2010 Natur und Tier - Verlag GmbH
An der Kleimannbrücke 39/41
48157 Münster
www.ms-verlag.de

Geschäftsführung: Matthias Schmidt
Lektorat: Mike Zawadzki & Heiko Werning
Layout: Barbara Schmücker
Druck: Druckhaus Fromm, Osnabrück

Vorwort

SCHON immer waren Riesenschildkröten ein wesentlicher Bestandteil der gezeigten Tiere in zoologischen Gärten und Menagerien. Bekannt ist aus dem Jahr 1845 die Haltung von Seychellen-Riesenschildkröten im Berliner Zoo (PETZOLD 1984). Durch ihre imposante Größe faszinierten sie viele Menschen und zogen auch Nichtinteressierte in ihren Bann. In Privathand spielten sie bis zum Ende des letzten Jahrhunderts nur eine untergeordnete Rolle. Die Größe der Tiere, ihr Wärmebedürfnis, die zu verabreichenden Futtermengen sowie die geringe Verfügbarkeit der Tiere im Handel sprachen gegen eine Haltung im privaten Bereich der Schildkrötenfreunde.

Spornschildkröten wurden bereits im letzten Jahrhundert meistens mit den „historischen" Riesenschildkröten von den Galapagos- und den Seychellen-Inseln zusammen gehalten. Erste Zuchterfolge in zoologischen Einrichtungen sind den Bemühungen um die Erhaltung dieser Art geschuldet. Im Jahre 1977 konnte der Erfurter Zootierpark die europäische Erstnachzucht im Zoo vermelden (CZERNAY & PRAEDICOW 1988).

Weitere Zuchterfolge in Zoos folgten, wie z. B. 1977 im Zoo von Budapest (Ungarn), San Antonio und Miami (USA), Rotterdam und Wassenaar (Niederlande), Pilsen (Tschechien) sowie Berlin. Da die Pflege dieser Tiere bei privaten Haltern von Schildkröten bis zum Ende der 1980er-Jahre keine große Rolle spielte, konnte der Erstnachweis der Zucht in europäischer Privathand erst durch KLEINER (1988) vermeldet werden. Mit dem Erscheinen dieser Publikation und neuer Fachperiodika über die Haltung dieser Schildkröten sowie durch die plötzliche Verfügbarkeit der Tiere durch Importe bzw. Nachzuchten wurde vermehrt das Interesse an diesen Tieren geweckt. Die stetig steigende Anzahl der gehandelten Tiere in den Jahren 1987–1996 belegen dies (VETTER 2005). Die Spornschildkröte ist auch ein Tier für den Anfänger in der Schildkrötenhaltung. Sie gilt als eine der interessantesten, intelligentesten und imposantesten Arten der afrikanischen Landschildkröten und kommt aus einer der heißesten Zonen unserer Erde. Ihren deutschen Namen verdankt sie den an den Oberschenkeln befindlichen kegelförmigen, spornartigen Hornschuppen. Der wissenschaftliche Artname *sulcata* (lat. sulcus = Furche) ist auf die tiefen Wachstumsringe auf den Panzerschilden zurückzuführen. Inzwischen ist diese Schildkröte häufig in Menschenobhut anzutreffen. Im Terrarium erweist sich die Spornschildkröte, sofern man den Haltungsansprüchen gerecht wird, als relativ leicht zu haltende Art. Aufgrund ihres Verbreitungsgebietes und dem dort herrschenden Klima sollte die Spornschildkröte nicht ohne beheizbares Frühbeethaus oder Gewächshaus im Freiland gepflegt werden. Von Ende Mai bis Mitte September (witterungs-

abhängig) ist diese Art gut mit Wetterschutz im Freiland zu halten. Während der restlichen Zeit des Jahres sind die Spornschildkröten in geräumigen Terrarien, zu Terrarien umgebauten Zimmern oder bevorzugt in Wintergärten bzw. beheizbaren Gewächshäusern mit hoher Grundtemperatur zu halten. Um den Pflegebedürfnissen dieser Tiere gerecht zu werden, sollen in diesem Buch praktische Tipps und Anregungen gegeben werden. *Geochelone sulcata* ist bei Einhaltung der Haltungsansprüche ein faszinierender, attraktiver und dankbarer Pflegling, der dem Schildkrötenfreund sehr viel Freude bereitet.

Mario Herz
Berlin, im Frühjahr 2010

Hoffentlich schauen diese jungen Sporn-schildkröten in eine gute Zukunft bei einem engagierten Schildkrötenhalter!
Foto: M. Herz

Beschreibung

IM Jahre 1779 wurde die Spornschildkröte von dem englischen Wissenschaftler M$_{ILLER}$ als *Testudo sulcata* erstmals beschrieben. G$_{RAY}$ (1872) beschrieb dann anhand dieser Art die Gattung *Centrochelys*. Der Nomenklatur nach F$_{RITZ}$ et al. (2006) folgend, lautet die korrekte Gattungsbezeichnung heute *Geochelone*. In älterer Literatur findet man die Spornschildkröte jedoch oft unter ihrem Synonym *Testudo calcarata* oder auch *Centrochelys sulcata*.

Die Spornschildkröte ist die größte kontinentale Landschildkröte. Sie kann eine Länge von über 80 cm erreichen und über 100 kg schwer werden. Der Rekord liegt bei 84,5 cm Rückenpanzerlänge und 120 kg (B$_{OUR}$ 2004; V$_{ETTER}$ 2005).

Männchen werden größer als die Weibchen und haben im Gegensatz zu diesen einen längeren Schwanz. Bei männlichen Tieren ist der Bauchpanzer deutlich konkav, sie verfügen über einen ausgeprägten, gegabelten Gularschild und aufgebogene Marginalschilde im Nackenbereich. Zwischen dem Schwanz und den Hinterbeinen befinden sich deutlich hervorgehobene, kräftige spornartige Schuppen, die bei den Männchen größer und abgeflachter als bei den Weibchen sind. Der Rückenpanzer ist

Männchen mit deutlich verlängerten und gegabelten Kehlschilden. Diese werden auch zu Kommentkämpfen eingesetzt. Gut sind auch die aufgerollten vorderen Marginalschilde zu erkennen. Foto: M. Herz

**Ein etwa einjähriges Jungtier
aus Nouakchott in Mauretanien**
Foto: H. Nickel

Ventralansicht eines etwa gleich großen Paars Spornschildkröten. Die Einkerbung zwischen den Analia ist bei dem Männchen größer als bei dem Weibchen (links). Bei dem Männchen beginnt sich bereits der Kehlschild zu spalten. Foto: M. Herz

Hinteransicht eines Weibchens. Der Supracaudalschild ist ungeteilt und nach außen gewölbt. Foto: M. Herz

Weibchen: kleiner Winkel zwischen den Analschilden Foto: M. Herz

Hinteransicht eines Männchens. Der Supracaudalschild ist ungeteilt und nach innen gewölbt. Foto: M. Herz

Männchen: großer Winkel zwischen den Analschilden Foto: M. Herz

eben und nicht so hoch gewölbt wie bei anderen Landschildkröten. Meist wirken die Weibchen mehr rund als lang und die Männchen mehr lang als rund. Die Randschilde, sowohl vorne als auch hinten, sind gesägt. Der Schwanzschild ist nach unten gebogen und immer ungeteilt. Ein Nackenschild ist nicht vorhanden, dafür befindet sich an dieser Stelle eine tiefe Einkerbung. Die Randschilde fallen fast senkrecht ab, bei den Männchen mehr, bei den Weibchen weniger. An den Vorderfüßen befinden sich je fünf Krallen und an den Hinterfüßen je vier Krallen. Die Vorderbeine und die Hinterbeine besitzen stark ausgeprägte Schuppen. Die Farbe des Rückenpanzers (Carapax) ist überwiegend ocker bis hellbraun und ohne Zeichnungen. Der Bauchpanzer ist einfarbig hornfarben mit gut ausgebildeten Wachstumsringen (Furchen). Jungtiere sind nach dem Schlupf gelb und mit zunehmenden Wachstumsringen, die dunkel sind, kontrastreicher und lebhafter gefärbt. Sie haben zudem helle gelbe Weichteile. Im Laufe des Wachstums wird der Carapax zunehmend dunkler, hellt aber dann im Alter durch UV-Strahlung wieder auf. Alte Tiere sind gänzlich hellbraun bis sandfarben gefärbt.

Auch Albinos von Spornschildkröten sind als Nachzuchten in menschlicher Obhut schon bekannt geworden (GURLEY 2002). Des Weiteren haben sich in den USA sogenannte „Ivory"-Farbzuchten etabliert. Es handelt sich hierbei um elfenbeinfarbige Spornschildkröten.

Paar von *Geochelone sulcata*. Im Alter bekommen Männchen (unten) eine längere und eckigere Form als Weibchen, die mehr rundlich bleiben. Foto: M. Herz

Verbreitung

SPORNschildkröten kommen in Afrika südlich der Sahara vor. Sie sind Bewohner von trockenen Steppen- und Halbwüstengebieten der Sahel- und Sudansahelzone von Mauretanien über den Senegal, Mali, Burkina Faso, Niger, den Tschad, die Zentralafrikanische Republik, Eritrea bis Äthiopien. Leider gibt es heute nur noch restliche Vorkommen dieser Tiere im Süden von Mauretanien, im Norden des Senegals, im Süden von Niger, im Norden des Tschads sowie im Osten des Sudans. Im Norden von Äthiopien sollen nach IVERSON (1992) ebenfalls Spornschildkröten vorkommen, doch stellt VETTER (2005) diese Verbreitung in Frage. Im Heimatbiotop bewohnt die Art Wüsten, Halbwüsten, Grasland mit Akazienbestand, Trockenwälder und Dornbuschsavannen, je nach Verbreitungsgebiet und Vegetationszone. Sie gilt als sehr anpassungsfähig. Diese Biotope sind meist starken klimatischen Temperaturschwankungen unterworfen. Es herrscht große Trockenheit, und es fällt kaum Regen. Tagsüber kann die Temperatur mehr als 40 °C betragen, und in der Nacht kann es sich bis auf 3 °C abkühlen. Um diesen starken Temperaturschwankungen auszuwei-

Lebensraum und Verhalten

DIE Spornschildkröte hat sich gut an den extremen Lebensraum mit den dort herrschenden trockenen Verhältnissen angepasst. Um den starken Temperaturschwankungen im Tagesverlauf und besonders der heißen Mittagshitze ausweichen zu können, graben die Tiere bis zu 4 m tiefe Höhlen. DEVAUX (2004) gibt eine Länge dieser Höhlen von bis zu 15 m an. Die starken Vorderbeine dienen den Schildkröten als Grabwerkzeuge.

JOST & JOST (2005) konnten den Bau einer solchen Höhle beobachten. Das 60 cm große Weibchen hatte beim Verlassen des Baus die Erde mit dem Panzer hinausgeschoben; der starke Gularschild wird ihr dabei gechen, gräbt die Spornschildkröte tiefe Höhlen. In diesen herrscht eine gleichmäßige Temperatur, und somit entgeht sie der Hitze und der Kälte. Im Biotop fehlt es weitestgehend an dichter Vegetation, und es wachsen meist nur diverse Akazienarten, Tamarinden, Stachelgräser sowie Affenbrotbäume.

Ungefähres Verbreitungsgebiet der Spornschildkröte

Semiadulte Spornschildkröte im Habitat in Mauretanien Foto: H. Nicker

Biotop in Mauretanien Foto: H. Nickel

holfen haben. Zumeist werden die Höhlen mit den starken Vorderbeinen gegraben, wobei der Sand nach hinten weggeschleudert wird (RUDOLPHI 1999; eigene Beobachtungen).

Es werden auch Baue oder Höhlen von anderen Tieren wie z. B. Kleinsäugern genutzt und erweitert. MILL (2005) erwähnt eine Höhle, die von einem Erdferkel (*Orycteropus afer*) gegraben und bewohnt wurde, ehe eine Spornschildkröte sie in Beschlag nahm. Mitunter bewohnen mehrere Schildkröten denselben Bau, in der Regel handelt es sich dabei um Jungtiere. Erwachsene Spornschildkröten residieren meist alleine in ihren Höhlen.

Laut CADI (2004) macht das Verbreitungsmuster von Männchen und Weibchen deutlich, dass die Geschlechter die meiste Zeit getrennt in Wohnhöhlen, aber dennoch in Nachbarschaft von 100–200 m Abstand leben.

In diesen Unterschlüpfen herrscht Tag und Nacht eine gleichmäßige Temperatur. Messungen ergaben, dass die Temperatur im Sommer 25–30 °C und im Winter 15–20 °C betragen kann (VETTER 2005). In den Monaten Juni bis September beträgt die Sonnenscheindauer im Verbreitungsgebiet (Dakar, Senegal) durchschnittlich 6,5 Stunden pro Tag (zum Vergleich: In Deutschland beträgt die Sonnenscheindauer in diesem Zeitraum durchschnittlich sieben Stunden). Es ist jedoch mindestens 12 Stunden am Tag hell. In den restlichen Monaten beträgt diese Zeitspanne acht Stunden (Dakar), in Berlin sind es dann vier Stunden Sonnenscheindauer pro Tag. Das ergibt im Jahresdurchschnitt eine Sonnenscheindauer im Senegal von 9,0 Stunden und in Deutschland von 5,0 Stunden (MÜLLER 1996). Dieser Umstand ist in das Pflegekonzept einzuplanen.

Im Verbreitungsgebiet sind die Schildkröten das ganze Jahr aktiv. Während des Sommers mit seinen Niederschlägen ist eine erhöhte Aktivität festzustellen. Während der im Winter herrschenden Trockenzeit ziehen sich die Tiere häufiger in ihre Höhlen zurück. Sie wärmen sich morgens auf, gehen auf Nahrungssuche und begeben sich alsbald wieder in ihre Verstecke. Am Ende dieser Ruhephase erwacht durch die

> **WUSSTEN SIE SCHON?**
>
> Wie bei allen Reptilien ist auch bei den Schildkröten die Körpertemperatur von der Umgebungstemperatur abhängig. Sie sind wechselwarm (lat: poikilotherm). Die nötige Wärme für ihre „Betriebstemperatur" erhalten sie von der Sonne bzw. durch die Umgebungstemperatur. So löst das Absinken oder Ansteigen der Umgebungstemperatur und die kürzere oder längere Sonnenscheindauer bzw. Tageslänge im Herbst und Frühjahr die Einstellung auf den Winter bzw. Sommer aus. Das Klima im Verbreitungsgebiet bestimmt den Jahresrhythmus. Die Spornschildkröte ist die wärmebedürftigste und sonnenhungrigste Landschildkröte der Erde. Zur Thermoregulation werfen sich Spornschildkröten Sand auf den Carapax oder suchen Unterschlupf im feuchten Sand.

Spornschildkröten leben in sehr trockenen Lebensräumen. Foto: H. Nickel

einsetzenden Regenfälle (Juni bis Oktober) gleichzeitig die Natur. Jetzt finden die Schildkröten ein reichliches Nahrungsangebot in Form von verschiedenen Gräsern, Kräutern und anderen Grünpflanzen. Die Spornschildkröten nehmen in dieser Zeit unheimlich viel Futter auf, sammeln Reserven und wachsen dabei enorm. Daher resultieren auch die deutlichen Wachstumsringe auf dem Carapax, die als Furchen zu erkennen sind. In der Trockenzeit wird weniger Nahrung aufgenommen, und teilweise müssen die Schildkröten infolge des Nahrungsdefizites hungern. Das kann dazu führen, dass die Tiere eine Aestivation halten (Sommerschlaf). Durch diese Trockenruhe überdauern die Spornschildkröten die lebensfeindliche Zeit.

Die Aktivitätszeiten verlagern sich von den frühen Vormittagsstunden im Frühjahr in die späten Nachmittags- bzw. Abendstunden im Sommer. Zusätzlich sind die Spornschildkröten im Frühjahr und Herbst am frühen

Verwandtschaft

SCHILD kröten werden in zwei Ordnungsgruppen gegliedert: die Cryptodira (Halsberger) und die Pleurodira (Halswender). Alle Landschildkröten gehören zu den Halsbergern, d. h., sie können ihren Kopf vollständig in den Panzer einziehen.

Aufgrund genetischer Unterschiede zwischen Tieren aus dem Westen und dem Osten Afrikas unterscheidet DEVAUX (2004) zwei verschiedene Formen. Die westliche Population der Spornschildkröte kommt von Mauretanien bis Niger über den Senegal und die östliche Form von Sudan bis Äthiopien vor. Die wenigen morphologischen Unterschiede reichten bisher für die Beschreibung einer Unterart nicht aus. Es gibt jedoch Vertreter dieser Art (die sogenannte „kleine Form"), bei der die Weibchen bereits mit einem Gewicht von unter 20 kg Eier legen und die Männchen im adulten reproduktionsfähigen Alter weniger als 30 kg wiegen. Die östliche Form soll eine hellere Farbe aufweisen.

Morgen und späten Nachmittag bzw. frühen Abend aktiv. An sehr heißen Tagen suchen die Tiere bereits sehr zeitig am Vormittag Schutz vor der sengenden Hitze des Tages und verbringen diese Stunden im Schatten oder in ihren Höhlen.

Außerhalb der Aktivitätszeit – in der Nacht und in der kalten sowie auch sehr heißen Jahreszeit – sind die Schildkröten nur eingegraben in ihrem Bau oder versteckt unter Sträuchern bzw. Büschen oder im dichten Strauchwerk aufzufinden.

Spornschildkröten sind nicht besonders ortstreu und wechseln häufig ihre Höhlen (VETTER 2005). Männchen sind wahre Wanderer, und besonders während der Fortpflanzungszeit legen sie weite Strecken zurück. Nach meinen Beobachtungen sind die Männchen während dieser Zeit auch in menschlicher Obhut ständig im Gehege unterwegs.

Die Spornschildkröte kommt nicht sympatrisch (zusammen im selben Biotop) mit anderen Landschildkröten vor.

Als Halsberger kann die Spornschildkröte ihren Kopf vollständig in den Panzer einziehen. Foto: M. Herz

Genetische und morphometrische Untersuchen sind bereits in den entsprechenden Verbreitungsgebieten angelaufen (DEVAUX 2004). Erste Ergebnisse von LIVOREIL & VAN DER KUYL (2006) lassen Abweichungen der mitochondrialen DNA zwischen Tieren aus dem Sudan (Westform) und dem Senegal (Ostform) erkennen.

In jedem Fall aber gibt es morphologische Differenzen hinsichtlich der Größe zwischen

Voraussetzungen der Schildkrötenhaltung

WENN Sie eine Spornschildkröte in Ihre Obhut nehmen möchten, ist ein Studium der Fachliteratur und der Erfahrungsaustausch mit langjährigen Pflegern der Art unerlässlich. Dadurch erlangen Sie grundlegende Kenntnisse über die Biologie und Pflege dieser Reptilien. Schildkröten können sehr alt werden, und die Bereitschaft zur langjährigen Pflege muss kritisch hinterfragt werden. So werden z. B. im Thüringer Zootierpark seit 1971 Spornschildkröten gepflegt, die aus einem Import aus West-Mali stammen. Diese Schildkröten hatten bereits ein Gewicht von 19 bis 47,5 kg und waren damit teilweise ausgewachsen. Ein Männchen aus diesem Import wog zum Zeitpunkt des Erwerbs 39 kg und hatte mit hoher Wahrscheinlichkeit ein Alter von mindestens 10 Jahren. Dieses Männchen lebt heute im Berliner Tierpark und ist mindestens 48 Jahre alt. Alle anderen Schildkröten im Zootierpark Erfurt aus diesem Import leben auch heute, nach mehr als 38 Jahren, noch dort.

Geochelone sulcata kann 80 Jahre alt werden. Insbesondere den enormen Platzansprüchen dieser liebenswerten Tiere muss Rechnung getragen werden. Des Weiteren benötigen sie große Mengen an Futter, und mit zunehmendem Alter und der damit einhergehenden Gewichtszunahme wird eine Handhabung mit ihnen immer schwieriger.

Ein Innen- und Außenterrarium sollte vorhanden sein. Bedenken Sie bitte, dass auch Nachzuchten von Schildkröten Wildtiere bleiben und der zukünftige Halter den Ansprüchen der Tiere

Tieren aus unterschiedlichen Vorkommensgebieten.

Unter den Landschildkröten hat die Spornschildkröte Verwandte auf anderen Kontinenten, die sich durch einen ähnlichen Körperbau und vergleichbaren Lebensraum auszeichnen. Dazu zählen die Steppenschildkröte (*Testudo horsfieldii*) in Asien, die Gopherschildkröten (*Gopherus* spp.) in Nordamerika und die Argentinische Landschildkröte (*Geochelone chilensis*) in Südamerika.

gerecht werden muss. Die Pflege der Tiere muss auch bei Ihrer Abwesenheit gesichert sein. Eltern von Kindern, die Schildkröten pflegen, müssen bereit sein, die Pfleglinge zu versorgen, falls der Nachwuchs die Zuverlässigkeit oder das Interesse auf Dauer vermissen lässt.

Der Erwerb der Schildkröte stellt den geringsten Kostenfaktor dar. Weitere Kosten von mehreren Tausend Euro für Terrarien, Wintergärten, Gewächshäuser, Baumaterial, Technik und für den laufenden Unterhalt wie Futter, Energie- und Tierarztkosten kommen auf den zukünftigen Halter zu. Die Pflege der Tiere nimmt Zeit und Mühe in Anspruch.

Wenn Sie diesen Aufwand nicht scheuen, können Sie viele Jahre Freude an Ihren Tieren haben und begeisterter Schildkrötenhalter werden.

Die eindrucksvolle Größe und der Drang zum Graben tiefer Höhlen muss bei der Planung von Freianlagen für Spornschildkröten von vornherein bedacht werden. Foto: H. Nickel

Gesetzliche Bestimmungen

ALLE Landschildkrötenarten sind streng geschützt und unterliegen dem Washingtoner Artenschutzabkommen von 1973. Die Spornschildkröte ist zusätzlich durch die EU-Artenschutzverordnung und Bundesartenschutzverordnung geschützt. Sie genießt die Schutzkategorie B der Verordnung (EG) Nr. 338/97 und ist im CITES-Abkommen unter Anhang II, im EU-Anhang unter Anhang B geführt, jeweils die zweithöchste Schutzkategorie. Dadurch sind Spornschildkröten meldepflichtig, und der Halter muss den legalen Erwerb und den rechtmäßigen Besitz gegenüber seiner zuständigen Behörde nachweisen. Ein Erwerb von Schildkröten ohne erforderliche Bescheinigungen muss auf jeden Fall unterbleiben! Das bedeutet, dass der Halter mit dem Erwerb der Schildkröte von dem Verkäufer den Herkunftsnachweis (zum Nachweis der Besitzberechtigung gemäß § 22 BNatSchG und § 6 BartSchV) ausgehändigt bekommt. Folgende Angaben sind auf dieser Bescheinigung aufgeführt:

- Name des Verkäufers/Züchters/Käufers
- Nummer der Bescheinigung (Zuchtbuchnummer)

Erwerb, Transport und Quarantäne

ALS streng geschützte und seltene Tiere kommen Spornschildkröten nicht mehr als Wildfänge in den Zoohandel. Gelegentlich werden zwar über Inserate in den Fachzeitschriften oder im Internet adulte Exemplare angeboten, doch haben diese einen hohen Preis und sind zudem nur sehr schwer einzugewöhnen. Dazu benötigt man viel Erfahrung. Besser ist es, „klein" anzufangen und Jungtiere aufzuziehen. Das ist sogleich der Einstieg in ein spannendes Kapitel der Schildkrötenhaltung und immer die bessere Wahl. Der Erwerb einer Spornschildkröte erfolgt am besten bei einem Züchter. Dort wird man fachlich beraten und erhält viele wertvolle Tipps. Es können auch die

- Behörde, bei der das Tier zuvor gemeldet war
- Beschreibung des Exemplars
- Anzahl, EU-Anhang
- Herkunft und Ursprungsland
- Wissenschaftliche Bezeichnung und üblicher Handelsname
- Besondere Bedingungen (Fotodokumentation bei anderen EU-Ländern, z. B. Tschechische Republik) und Datum sowie Unterschrift und Stempel der ausstellenden Behörde

Im Rahmen der Meldepflicht muss der Halter auch alle Bestandsveränderungen, beispielsweise durch erzielte Nachzuchten, die Abgabe oder den Tod von Tieren, bei der zuständigen Behörde melden. Die Zuständigkeit ist je nach Bundesland unterschiedlich geregelt. Es können z. B. die Unteren Naturschutzbehörden in Städten und Kreisen oder auch Regierungspräsidien zuständig sein. Auskünfte erteilt das Bundesamt für Naturschutz (siehe „Weitere Informationen").

Elterntiere angesehen werden, sodass man einen Eindruck erhält, wie groß erwachsene Tiere tatsächlich werden. Vor allem kann man dort die Haltungsbedingungen studieren. Adressen von Züchtern erhält man z. B. in der Schildkröten-Fachzeitschrift MARGINATA (siehe „Weitere

Am besten, man fängt bei der Spornschildkrötenhaltung „klein an". Foto: M. Herz

DER PRAXISTIPP

Es ist immer besser, mehrere Tiere aus verschiedenen Blutlinien (mindestens zwei) zu erwerben und aufzuziehen. Durch Futterneid fressen sie besser und sind aktiver, die Aufzucht gestaltet sich dadurch leichter. Darüber hinaus lassen sich interessante Beobachtungen und Vergleiche machen, wie sich einzelne Tiere zueinander verhalten.

Informationen") oder über Kleinanzeigen im Internet (z. B. www. reptilia.de). In vielen Orten gibt es Aquarien- und Terrarienvereine sowie Stadtgruppen der Deutschen Gesellschaft für Herpetologie und Terrarienkunde e. V. (DGHT; siehe „Weitere Informationen"), wo man ebenfalls Adressen von Züchtern erfragen kann. Mitunter erhält man auch Nachzuchten der Spornschildkröte in Zoofachgeschäften. Nehmen Sie sich Zeit, Ihre zukünftigen Pfleglinge sorgsam auszuwählen. Grundsätzlich sind die angebotenen Schildkröten genau zu beobachten. Sie müssen lebhaft sein, und der Panzer darf keine Beschädigungen aufweisen oder weich sein. Die Augen sollten klar und nicht eingefallen sein, die Nase darf

keinen Ausfluss aufweisen oder verklebt sein. Die Schildkröte muss geräuschlos atmen und frei von Verletzungen sein. Die Tiere sollen den Panzer hoch und waagerecht während der Fortbewegung über dem Boden tragen, einen gut genährten Eindruck machen und angebotenes Futter gerne aufnehmen.

Schildkröten müssen vorsichtig transportiert werden. Damit sie keinen Temperaturschwankungen unterworfen werden, verwendet man zum Transport Kühlboxen (ohne Kühlakkus) oder Styroporkisten. Um Ausscheidungen zu binden, werden in diese Behälter Küchentücher oder anderes saugfähiges Material gelegt. Zum Schutz vor Stößen und Schlägen ist der Behälter entsprechend mit Moos, Heu oder Schaumstoff auszupolstern. Während des Transportes sollen die Behälter nicht der direkten Sonne oder Kälte ausgesetzt sein. Adulte Tiere werden in großen reißfesten Säcken in einer der Größe des Tieres entsprechenden ausgepolsterten Transportkiste bzw. Box, welche die Temperatur hält, transportiert. Jungtiere können auch in kleinen Boxen, wie Tupperdosen oder ausgewaschenen

Margarinebehältern, die zuvor mit Luftlöchern versehen wurden, transportiert werden. Diese stellt man in die Thermokühl- oder Styroporkisten. Bei strenger Kälte ist eine Wärmflasche in den Transportbehälter zu legen und zu beachten, dass diese nicht so heiß befüllt wird, dass die Tiere sich verbrennen oder die Box überhitzen könnte. Die Letaltemperatur beträgt 40 °C.

Neu erworbene Tiere sollten auf keinen Fall zu einem bereits vorhandenen Bestand gesetzt werden. Sie werden stattdessen vorerst in einem Quarantäneterrarium untergebracht. So wird der Altbestand davor geschützt, dass Krankheiten eingeschleppt werden. Zudem können die neu erworbenen Tiere gründlich auf mögliche Erkrankungen untersucht und – falls erforderlich – behandelt werden. Das Quarantäneterrarium muss dieselben Anforderungen an Technik und Ein-

Junge Spornschildkröte. Deutlich sind die dunklen Wachstumszuwächse zu erkennen.
Foto: M. Herz

DER PRAXISTIPP

Quarantäneterrarien sollen deshalb aus Glas bestehen, weil sich dieses Material hervorragend desinfizieren, sprich gründlich mit Seifenlauge reinigen lässt. Alle anderen Gegenstände in diesem Terrarium sollten ebenfalls leicht zu reinigen sein. Da das Terrarium mindestens ein Mal am Tag gereinigt werden muss, erspart man sich so Zeit und Arbeit. Hat man adulte Tiere erworben, sind diese ebenfalls in entsprechend großen und leicht zu reinigenden Behältern, besser jedoch in einem Raumterrarium mit abwaschbarem Grund, zu halten. Der Bodengrund muss täglich ausgewechselt werden; hierfür eignet sich z. B. Zeitungspapier oder Flies. Bodengrund wie Sand, Lehm o. Ä. ist erst nach Abschluss der Quarantäne geeignet.

richtung (Versteckmöglichkeit) erfüllen wie das spätere Terrarium. Es sollte vorzugsweise aus Glas bestehen, und auch die Einrichtungsgegenstände müssen leicht zu reinigen sein. Der Kot der Schildkröten ist von einem reptilienkundigen Tierarzt (Liste unter: www.dght.de) oder einem spezialisierten Untersuchungslabor (siehe „Weitere Informationen") auf Parasiten zu untersuchen. Kot und Futterreste sind täglich zu entfernen, unter Umständen (bei sichtbaren Parasitenbefall) ist der Bodengrund täglich zu wechseln. Erst wenn die

Vergesellschaftung

AUßER zur Aufzucht sollten verschiedene Landschildkrötenarten nicht miteinander vergesellschaftet werden. Wegen ihres raschen Wachstums trifft dies besonders auf die Spornschildkröte zu. Sie würde anderen Schildkröten das Futter streitig machen und die besten Sonnenplätze belegen. Es ist daher immer darauf zu achten, nur gleich große Schildkröten miteinander zu vergesellschaften.

Bei mir gelang die gemeinsame Aufzucht bis zu einem Gewicht von 2 kg mit der Pantherschildkröte (*Stigmochelys pardalis babcocki*). Diese Unterart der Pantherschildkröte wächst ähnlich schnell wie die Spornschildkröte (HERZ 2007).
Neben den Streitigkeiten ums Futter werden bei der artreinen Haltung auch eventuelle Kreuzungen zwischen verschiedenen Schildkrötenarten vermieden. Bei einem Schildkrötenpfleger in

Schildkröten frei von Parasiten sind und auch sonst keine Auffälligkeiten zeigen, kann die Quarantäne beendet werden. Sie sollte jedoch ausreichend lange erfolgen, nach meiner Erfahrung über mindestens zwei Monate, besser jedoch ein Jahr. Ein Verbringen der Tiere in das Freilandterrarium während der Quarantäne hat zu unterbleiben. Das Gehege lässt sich nicht reinigen, und bei eventuell vorliegenden Krankheiten der Neuankömmlinge kann es nicht abschließend desinfiziert werden. Alternativ werden die Schildkröten in dieser Zeit mit

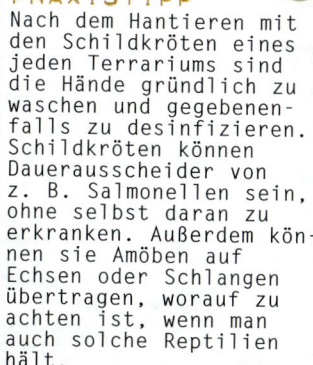

DER PRAXISTIPP
Nach dem Hantieren mit den Schildkröten eines jeden Terrariums sind die Hände gründlich zu waschen und gegebenenfalls zu desinfizieren. Schildkröten können Dauerausscheider von z. B. Salmonellen sein, ohne selbst daran zu erkranken. Außerdem können sie Amöben auf Echsen oder Schlangen übertragen, worauf zu achten ist, wenn man auch solche Reptilien hält.

entsprechenden Behältern an die frische Luft gebracht, damit sie natürliches UV-Licht aufnehmen können.

Hessen ist es im Frühjahr 2009 zu einer unbeabsichtigten Kreuzung zwischen einer weiblichen Spornschildkröte und einer männlichen Pantherschildkröte gekommen.

Die Befruchtungsrate nimmt außerdem zu, wenn zuvor mit anderen Arten vergesellschaftete Schildkröten schließlich artrein gehalten werden.

Eine Gruppe einer Landschildkrötenart zu pflegen, hat der Einzelhaltung gegenüber den

Spornschildkröten können zur Aufzucht – wie hier mit Strahlenschildkröten – auch mit anderen Landschildkröten gleicher Größe vergesellschaftet werden. Foto: M. Herz

Vorteil, dass bestimmte Verhaltensmuster studiert werden können. Die Tiere leben ihren Sexualtrieb aus, und man kann Paarung, Eiablage sowie Territorial- und Sozialverhalten beobachten. In der Gruppe müssen die Weibchen in der Mehrzahl sein, da zu viele Männchen den Druck auf die Weibchen erhöhen. Der damit verbundene Stress kann zu Krankheiten führen. Zudem führen die Männchen untereinander ständige Kommentkämpfe aus. Das unterlegene Tier kann zu küm-

Das Terrarium

DAS Terrarium sollte so gestaltet sein, dass es einen Ausschnitt aus der Natur wiedergibt und allen natürlichen Ansprüchen der Schildkröten entspricht. Die Einrichtung muss dabei so gewählt werden, dass die Tiere ihr arttypisches Verhalten zeigen und nach Nahrung suchen können. Dementsprechend sollte das Terrarium mit mehreren Sonnen- und Schattenplätzen, Versteckmöglichkeiten und Rückzugsorten versehen sein. Dies kann durch eingebrachte Baumstämme und durch Pflanzen erfolgen. Wichtig ist auch, dass sowohl trockene als auch feuchtere Bereiche sowie Eiablageplätze vorhanden sind. Üblicherweise sollte ein Terrarium ein leicht ansteigenden Bodengrund aufweisen. Für die Gemeinschaftshaltung beider Geschlechter ist eine gute Strukturierung der Innen- wie auch Außengehege notwendig.

Je größer man die Fläche des Terrariums wählt und je weniger Individuen

Spornschildkröte im Freilandterrarium des Verfassers Foto: M. Herz

mern beginnen, erkranken und schließlich sterben. Mitunter gibt es Männchen, die sich als unverträglich sowohl gegenüber Männchen als auch Weibchen der gleichen Art sowie auch gegenüber Schildkröten anderer Arten verhalten (KODYMOVA 2007). VINKE & VINKE (2004) zeigen Beispiele von unterlegenen Männchen der Spornschildkröte auf, die hinfällig wurden. Solche Tiere sind einzeln zu halten.

Die ideale Gruppe besteht aus einem Männchen und mehreren Weibchen.

man hierin hält, desto pflegeleichter wird die Anlage und umso besser sind die Bedingungen für die darin lebenden Schildkröten.

Geochelone sulcata ist während der Aufzuchtphase im Zimmerterrarium zu halten. Eine Pflege der Tiere im Freiland- gehege ist möglich, sofern die Witterungsbedingungen dies zulassen. STEARNS (1989) gibt zwar an, dass an regenfrei-

Freilandanlage mit Schutzhaus und integriertem Gewächshaus zur Haltung von Spornschildkröten Foto: M. Herz en Tagen in Phoenix, Arizona (USA) Nachttemperaturen von 2 °C von Spornschildkröten vertragen wurden, in Mitteleuropa sollten die Tiere jedoch nicht bei Nachttemperaturen unter 15 °C im Freiland gepflegt werden.

Für eine dauerhafte und artgerechte Unterbringung von Spornschildkröten benötigt man ein ausreichend dimensioniertes Innen- und Freilandterrarium. Optimal sind direkt an das Freilandterrarium angrenzende Innengehege, die mit einer Schwingtür ausgestattet sind, sodass die Tiere in der entsprechenden Jahreszeit zwischen den Gehegen wählen können.

Einige Halter erlauben ihren Tieren, an trockenen Tagen im Winter das Außengehege aufzusuchen. Meiner Erfahrung nach ist das den Schildkröten weniger zuträglich.

Das Freilandterrarium sollte über ein solides Schutzhaus verfügen (bei bis zu drei Tieren ca. 4 m²), das mit Laub oder Stroh gefüllt ist. Besser ist jedoch ein im Gehege integriertes beheizbares Schutz- und Gewächshaus oder auch Frühbeet.

Um eine Überhitzung zu vermeiden, ist in einem solchen Gewächs- oder Schutzhaus der Einbau eines thermostatgesteuerten Fensteröffners zu empfeh-

Ein Männchen schaut in der Freilandanlage aus seiner Höhle. Foto: M. Herz

len. Wegen der Stressempfindlichkeit der Schildkröten sollten die Tiere möglichst nicht hin und her transportiert werden. Einmal in das Freilandterrarium gesetzt, sollten sie dort verbleiben, bis die bevorstehenden Witterungsbedingungen im Spätsommer bzw. Herbst uns zwingen, die Tiere aus dem Freilandterrarium zu nehmen. Das Schutz- oder Gewächshaus muss an kälteren Tagen beheizbar sein. Praktisch ist es, wenn man dieses mit an die Heizungsanlage des Wohnhauses anschließt. Die erforderliche Wärme kann in dem Schutz- bzw. Gewächshaus durch einen Strahler mit 250–300 Watt, in einem Frühbeethaus mit einem 60- bis 150-Watt-Strahler (je nach Größe des Gewächshauses bzw. der Tiere) erfolgen. Wegen der Brandgefahr ist unbedingt der Abstand vom Strahler zum Substrat zu beachten! Im Zentrum des vom Strahler erwärmten Bereichs sollte eine Temperatur von mindestens 45 °C erreicht werden. Für jedes erwachsene Tier ist ein Strahler zu installieren, der jeweils mit einem Temperaturregler zugeschal-

tet werden kann. BIDMON (2006) zeigt Möglichkeiten zur Temperierung von Frühbeeten und Legehügeln während der Freilandhaltung von Schildkröten durch das Einbringen von Wasserkanistern auf. Solch aufgestellte Wasserkanister erwärmen sich am Tag und geben in der Nacht dann die gespeicherte Wärme ab. Dies erhöht die Vitalität der Schildkröten, sie können besser fressen, verdauen und haben ein besseres Allgemeinbefinden. Während der Legeperiode kann so auch verhindert werden, dass Eier übertragen werden, also wegen z. B. mangelnder Wärme über den eigentlichen Eiablagezeitpunkt im Körper zurückgehalten werden, was sonst zur sogenannten Legenot führen würde.

Aufmerksam durchstreift dieser Schlüpfling der Spornschildkröte das Freilandterrarium.
Foto: M. Herz

Freilandterrarium

BEIM Bau des Freilandterrariums sind die Mindestanforderungen an die Haltung von Reptilien des BUNDESMINISTERIUMS FÜR ERNÄHRUNG, LANDWIRTSCHAFT UND FORSTEN (1997) zu berücksichtigen. KUNDERT (2005) hält ein Männchen mit zwei Weibchen in der Schweiz in einem 20 m^2 großen beheizbaren Gewächshaus mit angrenzendem Freilandterrarium von 100 m^2. JEITSCHKO & WINTER (1997) halten ein erwachsenes Pärchen in Österreich im Sommer von Juni bis September in einem Freilandterrarium von 500 m^2, das mit zwei Schutzhütten ausgestattet ist. Mein Pärchen bewohnt von Mai bis September ein Freilandterrarium von ca. 400 m^2 mit integriertem beheizbarem Gewächshaus von etwa 4 m^2. Hier versorgen sie sich weitestgehend selbst mit Futter (HERZ 2007).

Das Gehege soll generell so groß wie möglich bemessen sein. Je größer es ist, umso natürlicher kann es gestaltet werden und desto besser können die Schildkröten ihr natürliches Verhalten ausleben. Die Gestaltung sollte sich nach den natürlichen Gegebenheiten im Heimatbiotop der Tiere richten, die Natur sollte hier Vorbild sein.

Ein Ausweichgehege zur zeitweiligen Trennung der Geschlechter oder dem Separieren von kranken oder dominanten Tieren ist einzuplanen. Spornschildkröten, insbesondere die Männchen, sind wahre Wanderer. Wer das Terrarium groß genug wählt, kann darin entsprechende Futterpflanzen anbauen, die Tiere sind dann zumindest teilweise Selbstversorger, und es ergibt sich eine seminatürliche Haltung. Das Gehege sollte den sonnigsten Platz im Garten einnehmen. Die Anlage ist nach Süden oder Südosten auszurich-

Freilandterrarium mit Holzpalisade zur Einfriedung Foto: M. Herz

ten. Eine solide Einfriedung ist wichtig, denn die Schildkröten können sehr gut graben. Die Einfriedung sollte für Spornschildkröten mindestens 50 cm in die Höhe und 30 cm tief in den Boden reichen. In jedem Fall muss die Einfriedung undurchsichtig sein (also keinesfalls Glasscheiben oder Maschendrahtzaun), da ansonsten ein ständiges Umherwandern am Rand der Begrenzung erfolgt und die Tiere nicht ihr natürliches Verhalten zeigen. Rechte Winkel sind zu vermeiden, besser ist es, die Ecken rund zu gestalten. Ob die Begrenzung aus Holz, Stein, Aluminiumblech oder anderem Material besteht, bleibt dem Geschmack und Geldbeutel überlassen. Sie muss für ausgewachsene Tiere auf jeden Fall so stabil sein, dass die Tiere diese nicht umstoßen oder durchbrechen können.

Zur Strukturierung können Wurzeln, ausgehöhlte Baumstämme, Steine und Altholz geschmackvoll eingebracht werden. Hier sollte die afrikanische Landschaft im Lebensraum der Schildkröten Vorbild sein. Der eingebrachte Boden muss wasserdurchlässig sein, damit das Gehege nach einem Regenguss schnellstmöglich abtrocknet. Bei sehr schwerem Lehmboden ist dieser abzutragen, mit einer Drainage zu versehen und mit sandigem Boden oder Kies feinster Körnung

Freilandanlage mit beheizbarem Schutzhaus zur Haltung von Spornschildkröten Foto: M. Herz

aufzufüllen. Dies erübrigt sich, wenn sich das Freilandterrarium an einem Hang befindet, da hier das Wasser abfließen kann. Die Schildkröten benötigen außerdem freie Flächen, die völlig trocken sind, um sich aufzuwärmen. An heißen Tagen ist ein Schattenplatz ebenso wichtig. Dieser kann durch Einbringen von kriechendem Wachholder, Ginster, Weinreben, Brombeerhecken, Roseneibisch (deren Blüten und Blätter gerne von den Schildkröten gefressen werden), Zuckerhutfichte oder Krüppelkiefern ermöglicht werden. Aber auch Staudenpflanzen können den Part des Schattengebers übernehmen. Hier kann z. B. auf Lavendel, Rosmarin, Thymian, Salbei und Yucca zurückgegriffen werden. Giftige Pflanzen wie beispielsweise Eibe, Rhododendron oder Oleander sollten nicht eingebracht werden.

Saisonal können auch Agaven oder Opuntien in das Gehege im Kübel eingebracht oder auch eingepflanzt werden. Gelegentlich werden diese jedoch auch gefressen, wenn die Schildkröten sie erreichen. Kleine Pflanzen sind vor den großen Schildkröten zu schützen. Die übrige Fläche ist mit verschiedenen Futterkräutern einzusäen. Hier verwende ich z. B. Löwenzahn, diverse Wegericharten, Lupine, Rotklee, Weißklee, Perserklee, Luzerne oder auch Fette Henne, Mauerpfeffer und Wilde Malve.

Spornschildkröten legen in der Natur nicht auf erhöhten Flächen ab, sondern graben zur Eiablage tiefe Höhlen (KLEINER 1988; JEITSCHKO & WINTER 1997). Daher benötigt die Spornschildkröte keinen besonderen Eiablagehügel (VINKE & VINKE 2004). Bei KUPFERSCHMID (2007) und

Eine Spornschildkröte verlässt ihre Höhle. Foto: M. Herz

Blick in eine Freilandanlage zur Pflege von Spornschildkröten mit integriertem beheizbarem Schutzhaus Foto: M. Herz

KODYMOVA et al. (2007) legen die Tiere jedoch in der Schildkrötenanlage an einem dafür vorgesehenen Platz ab, der erhöht ist.

In jedem Fall ist ein Eiablageplatz von 2–3 m^2, der ganztägig besonnt sein muss, einzuplanen. Dieser ist leicht erhöht in südöstlicher bis südwestlicher Ausrichtung sanft abfallend anzulegen. Der Platz ist mit Steinen einzufassen. Da sich diese leichter erwärmen und die Wärme speichern, fördern sie das Mikroklima in unmittelbarer Umgebung des Eiablageplatzes. Als Material für diesen Platz verwendet man Mutterboden oder ungedüngten Rindenkompost, mit Sand oder Kies feinster Körnung vermischt. Er darf nicht nass, sondern im Legezeitraum nur leicht feucht sein. Das Substrat muss kompakt und grabfähig sein und darf beim Legevorgang nicht nachrutschen.

Da Spornschildkröten gerne an geschützten Stellen ihre Eier ablegen (CZERNAY 1993; MILL 2005) ist der Legeplatz wie oben beschrieben (z. B. mit großen Feldsteinen) einzufassen. Fehlt ein Eiablageplatz, oder wird er von dem Weibchen als nicht geeignet empfunden, kann es zur Legenot kommen (MEIER 1997).

Eine Wasserschale, welche auch temporär eingesetzt werden kann, vervollständigt die Einrichtung. Hierzu kann man Geflügeltränken verwenden, so verschmutzt die Wasserstelle nicht so schnell und bleibt hygienisch sauber.

Zimmerterrarium

DAS klassische Zimmerterrarium hat bei der Pflege von Spornschildkröten nur bei der Aufzucht von Jungtieren und deren Quarantäne Bedeutung. Für ausgewachsene Tiere muss ein Wintergarten oder Raum als Terrarium eingerichtet werden. Hierfür eignet sich ein ausgebauter Kellerraum, ein umgebauter Stall oder aber im Idealfall ein der Größe entsprechendes Gewächshaus. Auf jeden Fall muss dieser Raum beheizbar sein. Für ein Zimmer(Raum)terrarium sind nach den Bestimmungen des BUNDESMINISTERIUMS FÜR ERNÄHRUNG, LANDWIRTSCHAFT UND FORSTEN (1997) die 8-fache Größe der Panzerlänge und die 4-fache Länge der Panzerbreite als Maßstab anzusetzen. Für jedes weitere Tier sind mindestens 10 % dieser Grundfläche mehr anzubieten.

In der Schweiz, wo die Haltung der Spornschildkröte bewilligungspflichtig ist, sind 8 m^2 Fläche pro adulter Schildkröte im Innenraum Pflicht. Für jedes weitere gepflegte Exemplar sind 4 m^2 hinzuzufügen.

Bei der Aufzucht im Winter können handelsübliche Terrarien mit den Maßen 100 x 50 x 50 cm (Länge x Breite x Höhe) oder Plastikboxen von 100 x 50 x 45 cm Größe Verwendung finden. Diese Größe reicht für zwei Jungtiere aus. Sie können darin

Innenterrarium zur Haltung von Spornschildkröten im Landauer Reptilium Foto: M. Herz

(je nach Wachstum) ein bis zwei Jahre lang im Winter gepflegt werden. Das Terrarium muss mit den Schildkröten mitwachsen. Zum Beispiel können zwei Tiere mit einem Gewicht von 7 kg und 30 cm Carapaxlänge gerade noch gut in einem 3 x 2 m großen Terrarium gepflegt werden.

Im Terrarium sind verschiedene Temperaturbereiche zu schaffen. Spornschildkröten sollen zwischen 20 und 45 °C am Tag wählen können. Die notwendige Wärme wird mit einer entsprechend dimensionierten Spotlampe erreicht. Im Zoohandel gibt es eine große Auswahl an Lampen. Dunkelstrahler sollten keine Verwendung finden, da Schild-kröten Wärme nur mit Helligkeit in Verbindung bringen. Um die nötige Helligkeit im Terrarium zu erreichen, können gebräuchliche Leuchtstoffröhren oder HQI-Lampen verwendet werden. Mittlerweile gibt es auch Leuchtstoffröhren mit UV-Anteilen, welche wegen der Wirksamkeit nur in einer geringen Höhe über dem Boden (Abstand Tier zur Lampe 10–20 cm) angebracht werden sollen. Alle Landschildkröten benötigen direkte Sonneneinstrahlung. Daher ist es gut, wenn das Raumterrarium einen Anschluss zum Freilandterrarium hat. So können die Tiere in der Übergangszeit auch das Freilandterrarium nutzen, wenn es das Wetter erlaubt.

Blick in ein Innenterrarium zur Haltung von Spornschildkröten im Winter (Aufnahme aus dem Zootierpark Erfurt) Foto: M. Herz

Technik

DIE zur Verfügung stehende Technik in der Terraristik wird immer besser und ausgereifter. Der Zoohandel bietet jede Menge an und hat sich auf die Bedürfnisse der Terrarianer eingestellt. Leuchtmittel für Helligkeit, Wärme und UV-Abgabe sind wichtig. Schildkröten brauchen es hell und warm. Ohne Leuchtmittel kann ein entsprechender Tages- und Jahresrhythmus im Zimmerterrarium nicht eingehalten werden. Helles Licht stimuliert und erhöht die Aktivität der Tiere. Vernebler oder Ultraschall-Befeuchter zur Aufzucht von Landschildkröten finden erst seit jüngster Zeit Verwendung. Diese halte ich dann für wichtig, wenn der Pfleger das tägliche Überbrausen des Terrariums und der Tiere mit Wasser nicht gewährleisten kann. Solche Geräte leisten jedoch gute Dienste und können auch im Terrarium der erwachsenen Tiere Verwendung finden. Sobald der Vernebler in Betrieb ist, kann der Pfleger eine erhöhte Aktivität der Schildkröten beobachten.

Spornschildkröten haben eine Aktivitätstemperatur von 20–32 °C und eine Vorzugstemperatur von 25–37 °C. Nachts sollten die Temperaturen zwischen 15–20 °C betragen; die Letaltemperatur liegt bei < 0 °C und + 40 °C. Ein Sommertag in Mitteleuropa, unter Umständen noch nasskalt, mit Temperaturen von unter 25 °C genügt diesen sonnenhungrigen und wärmebedürftigen Schildkröten nicht. Sie müssen sich auch im Hochsommer entsprechend aufheizen können. Dem muss durch den Einbau geeigneter Technik Rechnung getragen werden.

Wärmelampen sind notwendig, da die Tiere ihre Vorzugstemperatur von 25–37 °C zur Verdauung und zum Wohlbefinden erreichen müssen. Unter dem Strahler müssen Temperaturen von 45 °C erreicht werden. Zeitschaltuhren leisten gute Dienste und regeln den Tages- und auch Jahresrhythmus. Für ein Terrarium mit einem Standardmaß von 100 x 50 x 50 cm (L x B x H) ist eine Wärmelampe mit einer Leistung von 60–100 Watt und eine Leuchtstoffröhre mit hohem UV-Anteil zu verwenden. Für ein Raumterrarium ist je Tier ein Wärmestrahler einzuplanen.

Blick in ein Schutzhaus zur Pflege von Spornschildkröten mit Strahlern, die an kalten Tage für die nötige Wärmezufuhr sorgen. Foto: M. Herz

Auch hier gilt, dass es hell und warm sein muss. Die Helligkeit wird durch entsprechende Leuchtstoffröhren in der erforderlichen Anzahl sowie durch HQI- oder HQL-Lampen erzeugt. Als Wärmestrahler kann man HQI-Lampen mit einer Leistung von mindestens 150 Watt verwenden. Diese werden so über dem Sonnenplatz angebracht, dass darunter die notwendigen 45 °C erzielt werden. Eine „Osram-Ultra-Vitalux"-Leuchte sollte in einem Raumterrarium nicht fehlen und täglich mindesten 30 Minuten zugeschaltet werden.

Im Handel werden Leuchtstoffröhren angeboten (z. B. mit UV-A-Anteil von 33 % und UV-B-Anteil von 8 %), die auch für Spornschildkröten geeignet sind, aber wegen der Wirkungsreichweite nur höchstens 10–20 cm über der Panzerhöhe der Tiere angebracht werden sollen. UV-Licht ist sehr wichtig für die Schildkröten, wenn sie kein natürliches Sonnenlicht erhalten. HQI-Strahler, sogenannte Metallhalogendampflampen, besitzen eine hohe Lichtausbeute (Lux) und geben in geringer Menge UV-Licht ab. Sie entfalten ihre Leuchtkraft erst nach einigen Minuten, ermöglichen aber eine intensive und sonnenähnliche Helligkeit. Sie erreichen eine Luxzahl bis 60.000. Ein sonniger Sommertag in unseren Breiten hat einen messbaren Luxwert von 100.000. Mit diesen Lampen erreicht man eine sehr hohe Lichtausbeute im Terrarium. Sie sollten als Tageslicht-Spektrum (Daylight oder NDL) erworben werden. Nach einem Jahr sind die Brenner auszutauschen. Dieser Lampentyp ist mit 70 W,

150 W und 250 W erhältlich. Er gibt auch Wärme ab. Für bestimmte Behältergrößen genügt dann die Verwendung einer solchen Lampe in der entsprechenden Wattzahl. Zurzeit sind sie für die optimale Haltung von Landschildkröten die beste Wahl, da sich Sonnenstellen damit am besten imitieren lassen. Damit die Landschildkröten ihr notwendiges UV-Licht erhalten, ist der Einsatz einer „Osram-Ultra-Vitalux"-Lampe zu empfehlen. Mit der Bestrahlung der

Einrichtung des Zimmer- bzw. Großterrariums

DER Bodengrund sollte nicht stauben und leicht zu säubern sein. Kokosfasern, Stroh, ein Erde-Sand- oder Lehm-Sand-Gemisch, Hanfeinstreu oder Terrarienhumus können Verwendung finden. Rindenmulch kann ebenfalls benutzt werden. Er muss mindestens so hoch eingebracht werden, dass sich die Schildkröten panzerhoch eingraben können. Eine Unterschlupfmöglichkeit in Form von halbierten Kokosnussschalen, Korkeichenrinden, Blumentöpfen oder eine aus rutschsicher liegenden Steinen

gebaute Höhle müssen eingebracht werden. Diese sind mit lockerem Substrat wie z. B. Heu, Stroh oder Laub zu füllen. Heu ist ständig einzubringen, da die Tiere es fressen und sich darin vergraben. Es genügt bei Jungtieren eine Handvoll davon. Am besten legt man es in die Nähe von eingebrachten Steinen oder Wurzeln oder vor eine Höhle. Steine und Wurzeln in angepasster Größe vervollständigen die Einrichtung.

In einem Raumterrarium wird als Bodengrund ein leicht auszutauschendes Substrat wie

Tiere durch diese Lampe muss behutsam angefangen werden. In einem Abstand von einem Meter sind die Tiere erst fünf und später mindestens 30 Minuten zu bestrahlen (BÖTTCHER 2007). Zu langes Bestrahlen kann unter Umständen zu Augenschäden führen (allerdings gibt die Lampe erst nach 10–15 Minuten den vollen UV-Anteil ab). Meist sind genormte Terrarien nur 50–60 cm hoch, sodass die „Osram-Ultra-Vitalux"-Lampe nur außerhalb des Terrariums zum Einsatz kommen kann. Die Tiere werden gesondert in einem nach oben offenen Behälter unter die Lampe gestellt. Zugluft ist zu vermeiden.

LEHMANN (2007) weist auf die Wichtigkeit der UV-Bestrahlung von Terrarientieren hin und gibt Empfehlungen für den Einsatz und der Länge der ultravioletten Strahlung.

Bodenheizungen haben in Schildkrötenterrarien nichts zu suchen. Sie führen nur zu einem unnatürlichen Wachstum.

Blick in eine gut eingerichtete Innenanlage zur Pflege von Spornschildkröten Foto: M. Herz

z. B. Hanfeinstreu verwendet, das 20–30 cm hoch eingebracht wird. Der Boden des Terrariums sollte mit abwaschbarem Material (Fliesen) belegt sein oder mit Lebensmittelechten Material versiegelt sein. Hierfür kann auch Teichfolie oder Linoleum verwendet werden. In solch einem Großterrarium kann man mit Hilfe von eingebrachten Pflanzkübeln und entsprechender Bepflanzung – welche sich harmonisch einfügen (Raumklima) – einen Sichtschutz schaffen. Einige Halter und öffentliche Einrichtungen kommen gänzlich ohne Bodengrund aus (FUNSCH 2007; KUPFERSCHMID 2007), jedoch muss dann ein Eiablageplatz mit grabfähigem Substrat vorhanden sein.

Mein Pärchen bewohnt in der Übergangszeit und im Winter einen 12 m^2 gefliesten Raum, der einen Eiablageplatz aufweist. Als Bodengrund dient Hanfeinstreu. Weiterhin dienen Kübelpflanzen als Deckung und geschmackvolle Einrichtung.

Für Wasser und Futter ist Gefäßen aus Edelstahl, Steingut oder Ton der Vorzug vor Plastikbehältnissen zu geben, da sie nicht so leicht von den Schildkröten umgestoßen werden können. Mittlerweile haben sich Vogeltränken ganz gut bewährt, da die Tiere

Jungtier der Spornschildkröte im Innenterrarium   Foto: M. Herz

Einblick in ein Aufzuchtterrarium für kleine Spornschildkröten   Foto: M. Herz

nicht hineinlaufen und dort auch nicht ins Wasser koten können. Schieferplatten aus dem Dachdeckerhandel oder Küchenarbeitsplatten finden Verwendung als Untergrund des Futterplatzes, auf ihnen kann das Futter gereicht werden. Heu, Stroh und Salate können in Futterraufen, die leicht erhöht angebracht werden, angeboten werden.

Wie bereits im Kapitel „Technik" erwähnt, dürfen Strahler für Wärme und Helligkeit nicht fehlen. Unter den Wärmestrahler können Steine, Stein- oder Schieferplatten gelegt werden. So wird die Wärme dort gespeichert und kann von den Tieren zusätzlich genutzt werden. Da Spornschildkröten das ganze Jahr über Eier legen können, ist im Raumterrarium ein Eiablageplatz anzubieten. Dies kann ein der Größe des Weibchens entsprechender Kasten sein, der mindestens 50 cm hoch und mit grabfähigen Material gefüllt ist. Eigruben von 75–80 cm Tiefe sind keine Seltenheit (JEITSCHKO & WINTER 1997; KUNDERT 2004).

Für die Haltung von adulten Exemplaren eignet sich ein beheiztes Gewächshaus oder aber ein Wintergarten, der vorzugsweise über gewachsenen Boden verfügt. So haben die Tiere die Möglichkeit, sich direkt in den Boden einzugraben, ohne dass explizit hierfür Substrat eingebracht werden muss. Die Einrichtung kann so gestaltet werden, wie oben beschrieben. Die darin wachsenden Pflanzen müssen vor den Tieren geschützt werden.

Pflegearbeiten

DIE Pflege der Tiere nimmt je nach Anzahl der Tiere und Terrarientyp unterschiedlich viel Zeit in Anspruch. Sie ist notwendig, damit wir an unseren Schildkröten lange Freude haben und Krankheiten der Tiere verhindern. Unterschieden werden muss zwischen täglichen Arbeiten und Arbeiten, die ein- bis mehrmals im Jahr zu erfolgen haben. Zur täglichen Pflege gehören das Säubern der Futter- und Wassergefäße, das Entfernen von Kot sowie die Kontrolle des Gesundheitszustandes der Schildkröten.

Das Zimmer- bzw. Raumterrarium ist am Morgen und am Abend zu besprühen, um Morgen- bzw. Abendtau zu simulieren. Dabei überprüft man gleichzeitig, ob die Beleuchtung und die Gerätschaften intakt sind. Je nach Größe und Tierbesatz ist das Zimmer- bzw. Raumterrarium mehrmals im Jahr gründlich zu reinigen. Dabei wird der Bodengrund komplett gewechselt. In Gewächshäusern mit natürlichem Boden ist die obere Schicht in Höhe von 20 cm mindestens halbjährlich abzutragen und zu erneuern.

Alle Gerätschaften sind mit Seifenlauge abzuwaschen. Sofern das Terrarium nur zu den Übergangszeiten genutzt wird, genügt eine Komplettreinigung vor dem Einsetzen nach dem Freilandaufenthalt der Schildkröten. Im Aufzuchtterrarium

Neugierig und aufmerksam verfolgt diese Spornschildkröte ihren Beobachter. Foto: M. Herz

sind wöchentlich die Scheiben zu reinigen.

Wichtig ist, sich täglich der Beobachtung der Pfleglinge zu widmen. So erkennt man mögliche Anzeichen von Krankheiten oder Aggressionen zwischen einzelnen Tieren. Auch mögliche Eiablagen sind so vorauszusehen.

In der Freilandanlage ist der Eiablageplatz mehrmals wöchentlich zu kontrollieren. Darüber hinaus ist es notwendig, zu groß gewordene Pflanzen zu beschneiden und Pflanzen im Terrarium zu wässern. Im Frühjahr werden neue Futterpflanzen angesät und die Umfriedung begutachtet. Es fallen weiterhin alle Arbeiten an, die täglich auch im Zimmerterrarium zu erledigen sind, dazu gehört auch das Aufsammeln der in Hundehaufengröße anfallenden Kotabgaben der adulten Tiere. Futterreste sind täglich zu entfernen. Mit einer Harke wird die Oberfläche des Geheges durchzogen, um so weitere Abfälle oder Reste von Futter zu entfernen, damit sich keine Mikroorganismen ansiedeln, die unter anderem auch für Schimmelbildung verantwortlich sind. Im Herbst kann der Boden des

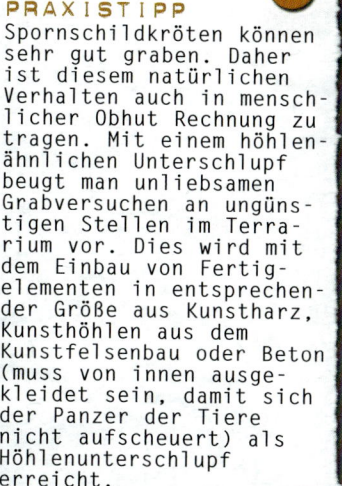

DER PRAXISTIPP
Spornschildkröten können sehr gut graben. Daher ist diesem natürlichen Verhalten auch in menschlicher Obhut Rechnung zu tragen. Mit einem höhlenähnlichen Unterschlupf beugt man unliebsamen Grabversuchen an ungünstigen Stellen im Terrarium vor. Dies wird mit dem Einbau von Fertigelementen in entsprechender Größe aus Kunstharz, Kunsthöhlen aus dem Kunstfelsenbau oder Beton (muss von innen ausgekleidet sein, damit sich der Panzer der Tiere nicht aufscheuert) als Höhlenunterschlupf erreicht.

Geheges mit Kalk bestreut werden, das hilft, den Boden basisch zu halten und das Auftreten von Parasiten zu unterbinden.

Ein Mal wöchentlich ist die Polsterung der Unterschlüpfe zu inspizieren und eventuell mit Heu, Stroh, Moos oder Laub aufzufüllen. In den Gewächshäusern oder Frühbeethäuschen sind bei sehr heißem Wetter die Fenster zu öffnen, sofern diese nicht über automatische Fensteröffnungen verfügen. Wöchentlich nimmt die Pflege etwa 2–3 Stunden in Anspruch. Täglich sollten mindestens zwanzig Minuten mit der Beobachtung und Pflege der Tiere verbracht werden.

Ernährung

FÜR die Gesunderhaltung der Spornschildkröten ist die richtige Ernährung von großer Bedeutung. Sie hat sich nach den natürlichen Bedürfnissen der Tiere zu richten. Spornschildkröten sind Pflanzenfresser und haben dementsprechend einen typischen Pflanzenfresserdarm, d. h., diese Schildkröten können eiweißreiche Nahrung wie Fleisch oder handelsübliches „Alleinfutter" für Schildkröten nicht vollständig verdauen. Die Spornschildkröte gehört ernährungsphysiologisch zu den Spezies, die auf die Fermentation von Zellulose im Enddarm spezialisiert sind (RODHOUSE et al. 1975; BAUR 2003).

Die Nahrung soll reichhaltig, rohfaserhaltig und abwechslungsreich sein. Nach Möglichkeit ist nur Grünfutter zu reichen. Obst und Gemüse sollten gar nicht oder nur sehr spärlich verfüttert werden. Gemüse ist Obst immer vorzuziehen, falls andere Futtermittel nicht zur Verfügung stehen und darauf zurückgegriffen werden muss. Kopfsalat aus dem Supermarkt sollte mangels Inhalt an Nährstoffen und möglichen Düngerrückständen nicht verfüttert werden. Das Futterangebot muss über ein ausgewogenes Kalzium-Phosphor-Verhältnis verfügen und hat sich an dem

Die im Freiland wild wachsenden Grünpflanzen bilden einen Grundpfeiler der Ernährung. Foto: M. Herz

Angebot in der freien Natur ihrer Heimat zu orientieren. Dort wechselt die Nahrung von saftigen und nährstoffreichen Pflanzen in der Regenzeit zu starker, rohfaserhaltiger Nahrung nach dieser Zeit. Im überwiegenden Jahresverlauf bedeutet das für die Schildkröten, dass sie verdorrte Gräser, Blätter und sehr faserreiche Pflanzen als Futter aufnehmen.

Soweit wie möglich werden Gräser, Wildkräuter wie z. B. alle Kleesorten, Löwenzahn, Luzerne, Spitz- und Breitwegerich, Disteln und Brennnesseln verfüttert. Auch Grasmahd, Blätter von *Opuntia* sp. und deren Früchte, Raps (Blütenstände und Knospen) können verfüttert werden. Spornschildkröten dürfen als Futtergeneralist eingestuft werden.

Zur Wasserversorgung kann den Tieren auch Gurke gereicht werden. In der Zeit, in der keine Wildkräuter zur Verfügung stehen (Winterhalbjahr), verfüttert man Heu und Stroh. Heu ist dem Futter nach Möglichkeit immer beizumischen (DENNERT 2000). Inzwischen gibt es Futtermittel auf Heubasis, die aus der Pferdehaltung stammen und sich sehr gut zur Fütterung von Schildkröten eignen. Temporär können rohe Möhren und ausgetriebener Chicorée im Winter gereicht werden. Mehrere Spornschildkrötenhalter und Züchter anderer Landschildkrötenarten verfüttern, insbesondere in den Monaten, in denen Wildkräuter nicht zur Verfügung stehen und auf gekaufte Salate zurückgegriffen werden muss, ein Mal in der Woche einen Futterbrei (RUDOLPHI 1999; HOEKSTRA & BIDMON 2006; KUPFERSCHMID 2007; HERZ 2007). Dieser besteht bei mir aus Matzinger Gemüseflocken für Hunde, Heupellets von Agrobs (Fibre), Möhren, Gurken, Paprika, Wirsing, Chinakohl und „Korvimin ZVT" als Mineralstoffgemisch (1 Teelöffel = 6 g für 12 Liter Futterbrei). Grundsätzlich soll das Futter der Spornschildkröten sehr rohfaserreich sein. Wer über eine Trockenwiese verfügt, kann seine Spornschildkröten in den Sommermonaten dort grasen lassen. Vorteilhaft wäre es, wenn diese Trockenwiese dem Terrarium angeschlossen ist. Um die Bewegungsaktivität der Tiere zu fördern, kann das Futter jeweils an unterschiedlicher Stelle im Terrarium gereicht werden. Im Erfurter Zoo wurden Jungtiere

der Spornschildkröte mit Kamelkot gefüttert (Praedikow, mündl. Mittlg.).

Wasser ist den adulten Spornschildkröten lediglich temporär anzubieten, insbesondere jedoch nach der

Salat sollte nur ab und an gereicht werden.
Foto: M. Herz

Gesundheit

SPORNschildkröten sind relativ robuste und wenig krankheitsanfällige Tiere. Eine falsche Haltung kann bei den Tieren aber z. B. leicht zu Erkältungen führen. Die Überprüfung des Gesundheitszustandes der Spornschildkröten hat bei der täglichen Beobachtung zu erfolgen, um so Verhaltensänderungen frühzeitig zu erkennen. Es ist insbesondere auf Nase, Augen, Maul und Kot zu achten. Die Augen sollen klar, nicht verklebt und nicht eingefallen sein. Die Nase soll sauber, trocken und nicht feucht sein. Die Atmung muss geräuschlos sein, keinesfalls darf ein Pfeifen zu hören sein. Bei den Ausscheidungen handelt es sich um feste und dunkle wurstförmige Gebilde. Weiß abgegebener Grieß ist ein Abbauprodukt und unbedenklich. Spornschildkröten sind in der

> **WUSSTEN SIE SCHON?**
>
> Wenn ablagereife Eier zu lange im Eileiter verbleiben – was verschiedene Ursachen haben kann –, spricht man von einer Legenot. Es gibt drei Formen von Legenot: die psychogene, die pathologische und die pathologisch-anatomische. Ursachen für die psychogene Legenot können sein: Überbesatz im Terrarium, Ortswechsel, Mangel an geeigneten Ablageplätzen oder ein plötzlicher Kälteeinbruch (Sassenburg 2000).

Eiablage (KLEINER 1988; RUDOL-PHI, pers. Mittlg.). Jungtiere hingegen sollen zwei- bis dreimal in der Woche trinken. Für den Kalkbedarf der Schildkröten sind Sepiaschale, Schneckenhäuser, alte Knochen von Rind oder Schwein oder Taubenstein in den Terrarien auszulegen.

Weitere gute Informationen sind dem Buch „Ernährung von Landschildkröten" von DENNERT (2002) zu entnehmen.

DER PRAXISTIPP
Bevor Sie den Tieren das Futter reichen, kann es zur Verbesserung des Kalkhaushaltes wöchentlich mit Mineralstoffen oder mit geriebenen abgekochten Eierschalen überpudert werden. Wildfutter und Kräuter sollten nicht von gedüngten Flächen oder am Wegesrand von stark befahrenen Straßen gesammelt werden, da sie mit Umweltgiften belastet sind.
Zur Steigerung der Aktivität ist das Futter nicht immer an denselben Platz zu legen. Die Schildkröten sind so gezwungen, aktiv auf Nahrungssuche zu gehen.

Pflege zwar nicht so heikel wie andere tropische Landschildkröten, auf starke Temperaturschwankungen reagieren sie jedoch sehr sensibel. Es kommt leicht zu einer feuchten Nase. Diese Tiere sind dann nicht so aktiv und fressen schlechter. Dadurch kann es zu weiteren Erkrankungen kommen. Erkrankte Tiere sind von den anderen zu separieren und einem reptilienerfahrenen Tierarzt vorzustellen, insbesondere bei folgenden Symptomen:

- stark eingefallene Augen
- feuchte Nase
- geräuschvolles Atmen
- Verletzungen des Panzers
- Legenot
- Nahrungsverweigerung und Teilnahmslosigkeit

Die meisten Erkrankungen sind haltungsbedingt, liegen also in Haltungsfehlern begründet wie z. B. Zugluft, einseitige Ernährung oder Stress. Insbesondere Spornschildkrötenbabys sind außerordentlich scheu und sollten nur Ausnahmsweise in die Hand genommen werden. Bereits wenn man in das Terrarium hineinsieht, setzt sofort ein panisches Fluchtverhalten ein. Dies bedeutet einen großen Stress für die Kleinen. Mit zunehmendem Alter verliert sich diese Scheu.

Ein ausdrucksvoller Charakter
Foto: M. Herz

Bei einer Erkrankung ist in jedem Fall die Haltung zu überprüfen und gegebenenfalls zu optimieren. Feuchte, „tränende Augen" bei extremer Hitze sind jedoch normal. Im Englischen wird die Spornschildkröte auch „crying tortoise" genannt, und auch das Nomadenvolk der Peul aus der subsaharischen Region in Afrika nennt die Tiere wegen ihres

Nachzucht

IN freier Natur sind Schildkröten stark bedroht. Durch Raubbau an der Natur werden ihre Lebensräume dezimiert. Es existieren heute mehr *Geochelone sulcata* in Gefangenschaft als in ihren Herkuntsgebieten. Sie gehört zu den am meistgefährdetsten Reptilien Afrikas. Aus diesem Grund wurde 1993 in Sangalkam im Senegal eine Zucht- und Auffangstation von der französischen Schildkrötenorganisation SOPTOM eröffnet. Dieses Programm zum Schutz der Spornschildkröten soll bewirken, dass in geeigneten Regionen der Sahelzone Spornschildkröten angesiedelt werden können.

Daher ist es anzustreben – bei Nachfrage durch geeignete Pfleger – die Tiere zur Nachzucht zu bringen und damit einen Beitrag zur Erhaltung der Art zu leisten. Nur so kann eine Haltung von Wildtieren in Menschenobhut gerechtfertigt und Importe aus der Heimat verhindert werden.
Eine erfolgreiche Vermehrung stellt den Höhepunkt bei der Pflege von Spornschildkröten dar. Nach Möglichkeit sollten die zukünftigen Halter der Nachzuchten bereits vor dem Ausbrüten der Spornschildkröteneier bekannt sein. Wer bereits einmal die Aufzucht von Schildkrötenbabys zu erwach-

Paarung von Spornschildkröten. Die eselartigen Paarungslaute sind weit hörbar. Foto: M. Herz

natürlichen Tränenflusses „weinende Schildkröte" (DEVAUX 2000, 2004). Der Tränenfluss trägt zur Kühlung der Tiere bei und soll vor Überhitzung schützen.

Reptilienkundige Tierärzte findet man nicht in jeder Stadt. Unter Umständen sind weite Fahrten zu unternehmen. Erfahrene Reptilientierärzte findet man auf der DHGT-Homepage (www.

DER PRAXISTIPP
Wiegen Sie Ihre Schildkröte monatlich, so können Sie leicht den Gesundheitszustand überprüfen. Das Tier muss kontinuierlich zunehmen. Ist eine Abnahme des Gewichtes über ein bestimmtes Maß (5–10 %) hinaus festzustellen, muss eine Kotprobe auf Parasiten untersucht werden.

dght.de) oder über die örtliche Tierärztekammer.

senen Tieren erlebt hat, weiß, dass es eines der spannendsten und aufregendsten Kapitel der Schildkrötenhaltung ist. Die Voraussetzung zur Zucht sind optimale Haltungsbedingungen und Tiere in guter Verfassung. Mit etwa acht bis zehn Jahren wird eine weibliche Spornschildkröte geschlechtsreif (Alter des Tieres, Größe und Gewicht müssen in Relation zueinander stehen). Bei HEIMANN (1999) legte ein Weibchen bereits mit fünf Jahren das erste Mal Eier, bei RUDOLPHI (1999) erfolgte die Erstablage eines Weibchens mit acht Jahren. Die Männchen werden bereits mit 6–8 Jahren sexuell aktiv. Mein Männchen hat mit vier Jahren und einem Gewicht von 5,5 kg erste Paarungsversuche unternommen. Bei der Haltung mehrerer Männchen kann es insbesondere in der Paarungszeit zu blutigen Kommentkämpfen kommen.

Die Männchen sind das ganze Jahr paarungswillig, besonders im Frühling und im Sommer. Sie verfolgen die Weibchen, rammen sie seitlich und von hinten und beißen sie in die Vorderextremitäten, damit sie stehen bleiben. Dabei können nicht nur die Weibchen Verletzungen am Panzer und den Weichteilen davontragen, sondern auch die Männchen. Blutige oder gar abgeschlagene Gularschilde (die paarigen, vordersten Schilde des Bauchpanzers) sind keine Seltenheit! Die Tiere sind genau zu beobachten und zur Gesunderhaltung notfalls zu separieren.

Bleibt ein Weibchen stehen, wird es vom Männchen von hinten bestiegen. Ist das Weibchen paarungsbereit, stemmt es sich mit den Hinterbeinen etwas hoch und ermöglicht dem Männchen die Penetration. Die Paarung dauert etwa 20 Minuten. Das Männchen stößt dabei tiefe, brummige, eselartige Laute durch das geöffnete Maul aus, und das Weibchen bewegt im Rhythmus dazu den erhobenen Kopf. Das Männchen immobilisiert mit seinem Gewicht das Weibchen, indem es sich mit den Vorderbeinen am Rand der vorderen Costalschilde des Rückenpanzers seiner Partnerin festhält und sie dadurch am Weglaufen hindert. Kleine Männchen sind nicht so erfolgreich bei der Fortpflanzung, wenn das Weibchen bedeutend größer ist und sie dieses dann nicht mit ihrem Gewicht im-

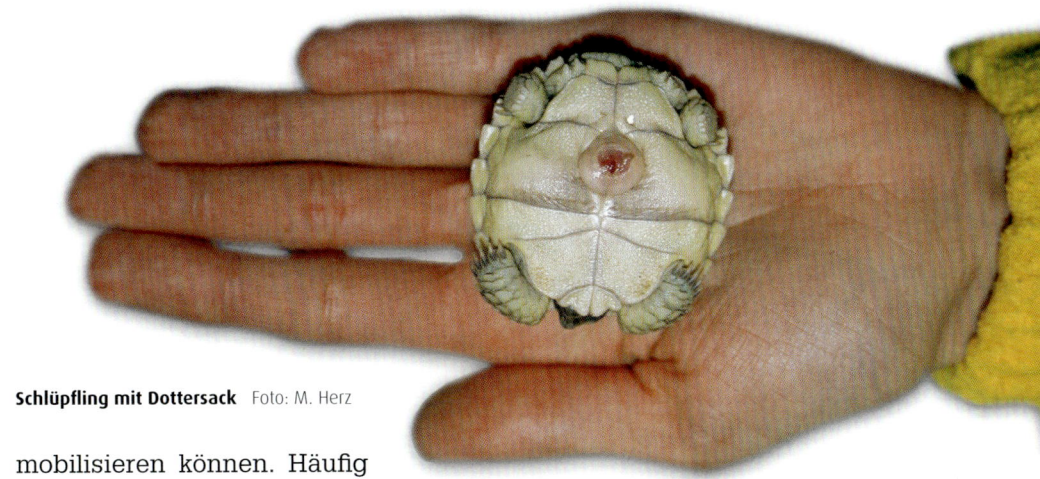

Schlüpfling mit Dottersack Foto: M. Herz

mobilisieren können. Häufig kann man bei in Menschenobhut gepflegten weiblichen Exemplaren durch die Paarungen abgeschliffene Panzer, insbesondere an den vorderen Costalschilden sowie an dem hinteren Centrale beobachten.

Etwa 4–6 Wochen nach der Paarung erfolgt die Eiablage. Allgemein finden die Eiablagen im natürlichen Lebensraum, wie z. B. dem Senegal, im März/April statt (Jost & Jost 2005). Im Tschad konnte Mill (2005) Eiablagen in den Monaten September und November bis Dezember sowie von Februar bis April beobachten.

In Gefangenschaft legen die Tiere das ganze Jahr über Eier ab, vermehrt jedoch in den Monaten März bis Juni, bei Rudolphi (pers. Mittlg.) überwiegend in den Monaten April und Mai. Zumeist erfolgt die Eiablage in den Nachmittagsstunden.

Der Ablage kann eine tagelange Suche des Weibchens nach einem Legeplatz vorausgehen. Es ist unruhig, und es kann zu Scheinpaarungen mit anderen Weibchen kommen. Eine solche Scheinpaarung läuft genau wie eine Paarung zwischen einem Männchen und einem Weibchen ab. Der spätere Eiablageplatz wird vom Weibchen berochen, und mit dem Maul werden Bodenproben aufgenommen. Auch hält sich das Weibchen öfter an diesem Ort auf. Probegrabungen können ebenso stattfinden und sind ein untrügliches Zeichen für eine bevorstehende Eiablage.

Der Schlupf einer Spornschildkröte beginnt. Foto: M. Herz

Das Weibchen beginnt, mit den Vorderbeinen eine Grube auszuheben, um die Erdfeuchte, Temperatur und Konsistenz des Bodens zu testen. Mit den Hinterbeinen wird die Grube vollständig fertiggestellt. Diese misst dann, je nach Bodenbeschaffenheit, ca. 15–20 cm Breite und 20–30 cm Tiefe in naturnaher Haltung im Tschad (MILL 2005) bzw. etwa 30 cm Breite und 80 cm Tiefe in menschlicher Obhut (KUNDERT 2004).

Eine Eiablage dauert ca. zwei Stunden, bei Weibchen, die zum ersten Mal legen, kann der Legevorgang bis zu drei Stunden in Anspruch nehmen. Bei abnehmender Temperatur (im Freilandterrarium) in den späten Nachmittags- und frühen Abendstunden kann die Eiablage wesentlich länger als drei Stunden dauern.

Die Gelegegröße schwankt zwischen 12 und 32 Eiern. Im Durchschnitt legen Spornschildkröten 23 Eier. Bis zu fünf Gelege pro Saison können von einem Weibchen abgesetzt werden, womit mehr als 50 Jungtiere von einem einzigen Zuchtweibchen anfallen können (KODYMOVA et a. 2007). Dieser Verantwortung muss sich der Züchter bewusst sein. Als Beispiel sei ein Weibchen genannt, das eine Panzerlänge von 53 cm und ein Gewicht von ca. 20 kg aufweist und in Valencia, Spanien, ganzjährig im Freiland mit beheizbarem Schutzhaus gepflegt wird (SALAMON, pers. Mittlg.). Dieses Weibchen legte am 17. März 2007 15 Eier, am 24. April 2007 25 Eier, am 24. Mai 2007 17 Eier und am 05. Juli 2007 17 Eier. Aus diesen vier Gelegen mit 74 Eiern schlüpften insgesamt 50 Schildkröten. Ein Folgegelege kann etwa 30 Tage nach der zuvor erfolgten Ablage abgesetzt werden.

Die hartschaligen Eier müssen vorsichtig aus der Nistgrube entnommen werden. Sie dürfen nach einigen Stunden nicht mehr gedreht werden, um ein Absterben des Embryos zu verhindern. Daher werden die Eier mit einem Bleistift auf der Oberseite markiert. Sofern bekannt ist, von welchem Weibchen das Gelege stammt, sind das Muttertier und das Ablagedatum zu notieren. Die so gewonnenen Werte helfen, Statistiken zu erstellen, Analysen zu treffen und die Haltung zu verbessern. Man entfernt anhaftenden Schmutz von den Eiern und überführt sie in den Brutapparat.

Die Eier von Spornschildkröten erinnern an Tischtennisbälle, sind kugelförmig, durchschnittlich 49 mm groß und wiegen 62 g. Die Eigrößen und Eianzahl korrelieren mit der Größe des Weibchens.

Stunden nach der Eiablage zeigt sich auf den Eiern ein weißer Fleck, wenn diese befruchtet sind. Damit beginnt die Entwicklung des Keimlings.

Nach dem Schlupf werden die Babys, die noch einen Dottersack aufweisen, separat im Inkubator untergebracht. Foto: M. Herz

Inkubation

LANDschildkröten betreiben keine Brutpflege, jedoch konnte bei Spornschildkröten eine Verteidigung des Brutplatzes beobachtet werden, die über mehrere Stunden nach der Ablage beobachtet werden konnte (CZERNAY 1993; RUDOLPHI mündl. Mittlg.).

Da die Temperatur in unseren Breitengraden zur Entwicklung nicht ausreicht, sind die Eier in einen Inkubator zu verbringen. Man kann sowohl selbst gebaute als auch käufliche Brutkästen (z. B. die „Jäger- Kunstglucke" oder den „Brujabrüter") verwenden. Ein Selbstbau ist leicht zu realisieren. Man nimmt einen Styroporbehälter mit Deckel und füllt darin Wasser ca. 10 cm hoch ein. Dann nimmt man zwei Backsteine und legte diese hinein. Das Wasser wird mit Hilfe eines Aquarienheizstabs beheizt. Auf die Backsteine kommt ein Behälter, in den man die Eier samt Substrat legt. Der Behälter mit den Eiern ist mit einem Handtuch abzudecken, alternativ kann auch eine Glasscheibe verwendet werden, die schräg aufgelegt wird, damit das Kondenswasser abfließen kann. Es muss jedoch darauf geachtet werden, dass die Schlüpflinge

Jungtiere im unterschiedlichen Stadium der Resorption des Dottersackes Foto: M. Herz

später nicht in das Wasser fallen können. Abschließend ist der Deckel des Styroporbehälters aufzulegen, damit der Wärmeverlust gering gehalten wird.

Als Brutsubstrat eignen sich Vermiculit, Seramis-Pflanzgranulat, Sand, Perlit oder Terrarienhumus. In die „Jäger-Kunstglucke" ist ein Wasserbehälter einzubringen, der für die nötige Luftfeuchtigkeit sorgt. Im Selbstbauinkubator herrscht genügend Luftfeuchtigkeit, die etwa 65–80 % betragen sollte. Die Eier dürfen nie direkt mit Wasser in Berührung kommen, da ansonsten der Embryo absterben kann. Nach meinen Erfahrungen kann eine zu trockene Inkubation dazu führen, dass die Jungtiere im Ei absterben. Bei zu hoher Luftfeuchtigkeit schlüpfen die Jungtiere zumeist mit einem sehr großen Dottersack. Ein Absenken der Luftfeuchtigkeit im Inkubator auf 65–70 % und die Einhaltung einer Nachtabsenkung (für ca. 2–3 Stunden den Inkubator ausschalten, Temperaturabsenkung um etwa 2–3 °C) wirkt dem zu frühen Schlupf mit großem Dottersack entgegen. Ob die Eier vollständig, halb oder gar nicht in das Substrat eingebettet werden, ist meiner Ansicht nach unerheblich für eine erfolgreiche Erbrütung von Spornschildkröten. Nicht eingegrabene Eier sind Temperaturschwankungen beim Öffnen des Inkubators stärker unterworfen als vollständig oder halb eingegrabene.

Ich habe die Eier immer halb in Vermiculit, welches zuvor leicht angefeuchtet wurde, eingegraben. Sowohl in einer Jäger-Kunstglucke als auch in einem Selbstgebauten Inkubator nach dem Budde-Prinzip (BUDDE 1980) konnte ich Spornschildkröten erfolgreich ausbrüten.

Die Inkubationsdauer und das Geschlecht der Embryonen sind

Plastronansicht eines Schlüpflings. Die Nabelspalte ist bereits verschlossen. Foto: M. Herz

von der Höhe der Bruttemperatur abhängig, es handelt sich hier um eine sogenannte temperaturabhängige Geschlechtsfixierung. Bei Spornschildkröten ist bislang kein Scheitelpunkt ermittelt worden. Er dürfte sich aber an dem der Griechischen Landschildkröte (*Testudo hermanni boettgeri*) orientieren. Nach EENDERBAK (1995) liegt dieser bei 31,5 °C. Bei einer Temperatur über diesem Brutscheitelpunkt kommt es zur Erbrütung von Weibchen, darunter entwickeln sich Männchen. Befruchtete Eier erkennt man daran, dass sie mit fortschreitender Inkubationsdauer dunkler werden, unbefruchtete Eier dagegen bleiben hell. Eier, die nach 14 Tagen noch hell sind, entwickeln sich nicht und sollten aus dem Inkubator aussortiert werden. Unbefruchtete Eier können bei stark fortgeschrittener Fäulnis explodieren und stinken dann fürchterlich. Bei einer Bruttemperatur von 29–30 °C schlüpfen die Spornschildkröten nach 100 Tagen, bei 30–33 °C nach 96 Tagen. Innerhalb eines Geleges können die Tiere zeitlich versetzt aus dem Ei schlüpfen. So schlüpfte in meinem Inkubator bei einer konstanten Temperatur von 32 °C die erste Schildkröte nach 88 Tagen, die letzte fünf Tage später. GURLEY (2002) nennt hierfür einen Zeitraum von 14 Tagen, RUDOLPHI (mündl. Mittlg.) gibt 30 Tage an.

Schlupf und Aufzucht

MIT der an der Spitze der Schnauze sitzenden Eischwiele öffnet die Schildkröte das Ei. Zuerst wird die Eihaut und dann die Eischale durchbrochen. Das Loch wird dann so erweitert, dass der Kopf hindurchpasst. Mitunter beißt die schlüpfende Schildkröte Stücke von der Eischale ab. Dann wird mit einem der Beine das Ei weiter geöffnet. Dann schaut das zweite Bein heraus, bis letztendlich die Schildkröte das Ei verlässt. Vom ersten Durchbrechen bis zum endgültigen Schlupf können 48 Stunden vergehen. Die Jungtiere sind beim Schlupf zwischen 20 und 44 g schwer (ca. 65 % des Eigewichts) und 40–50 mm lang. Die bei mir geschlüpften Spornschildkröten

Eine Nachtabsenkung im Inkubator bringt vitalere Jungtiere hervor, jedoch muss die Temperaturverlaufskurve betrachtet werden, damit so nicht ausschließlich Männchen erbrütet werden. Diese Temperaturabsenkung kann 4–5 Stunden und um 5 °C betragen. Bei einer sehr hohen Inkubationstemperatur ab 33 °C kann es zu Schildanomalien bei den Schlüpflingen kommen. So sind bei mir von 26 ausgebrüteten Tieren, die bei über 31,5 °C Inkubationstemperatur gezeitigt wurden, vier Junge mit Anomalien geschlüpft, also etwa 15,38 %. Das entspricht durchaus dem Niveau in freier Natur, denn unter seminatürlicher Haltung in Sangalkam,

Senegal, wiesen 15 % der Nachzuchten eine Schildanomalie auf (VETTER 2005).

In den Jahren 2002 und 2005 schlüpften bei mir aus Spornschildkrötengelegen, die mir von Michael Rudolphi (Berlin) zur Verfügung gestellt wurden, die Jungtiere zu ca. 75 % in der Zeit zwischen 00.00–12.00 Uhr und 25 % im restlichen Tagesverlauf, was sich mit Beobachtungen aus der Natur deckt (MILL 2005). Im Tschad betrug die Inkubationsdauer unter natürlichen Verhältnissen 147–149 Tage (MILL 2005).

Wenige Tage alte Nachzuchttiere Foto: M. Herz

hatten im Durchschnitt ein Gewicht von 40,57 g. Bei KLEINER (1998) hatten die Babys lediglich ein Gewicht von 20–25 g. Unter naturnahen Bedingungen im Tschad schlüpfte *Geochelone sulcata* mit einem Gewicht von 38–39 g und einem Durchmesser von 4,80–4,90 cm (MILL 2005).

Nach dem Schlupf weisen die Tiere in der Mitte des Plastrons eine Querfalte auf. Wenige Stunden später hat sich die kleine Schildkröte gestreckt, und die Plastronfalte ist nicht mehr sichtbar. Dann ist sie auch größer als unmittelbar nach dem Schlüpfen. Schildkröten, die mit einem großen Dottersackrest schlüpfen, werden einzeln in ein separates Gefäß mit angefeuchtetem Haushaltspapier oder in ein nasses Handtuch gegeben und wieder in den Inkubator verbracht. Sobald der Dottersack resorbiert ist, können die Jungtiere in das Terrarium gesetzt werden. Die Babys werden in lauwarmem Wasser (ca. 30–35 °C Wassertemperatur) gebadet. Dabei trinken sie. Ich überführe die Schildkröten in eine zum Terrarium umfunktionierte Plastikbox mit den Maßen 70 x 45 x 30 cm (L x B x H), die oben mit einem Gitter als Abdeckung versehen ist (HERZ 2005, 2007). Mehr als fünf Tiere sind wegen der Stressanfälligkeit nicht in einem Terrarium der angegeben Größe unterzubringen. Es können auch handelsübliche Glasterrarien, Kunststoffbehälter oder Holzterrarien zur Aufzucht und Jungtierhaltung Verwendung finden.

Als Substrat wird bis zur vollständigen Resorption des Dottersackes angefeuchtetes Haushaltspapier verwendet. Erst danach kommt Terrarienhumus, bestehend aus Resten der Kokosnuss, als eigentliches Substrat in das Terrarium. Dabei handelt es sich um ein rein pflanzliches Produkt, das die Feuchtigkeit hervorragend speichert, hitzesterilisiert und somit frei von Pilzen und Mikroorganismen ist. Die Substrathöhe ist so bemessen,

Vierjähriges Nachzuchttier Foto: M. Herz

dass sich die Schildkröten mindestens panzerhoch eingraben können. Bei schönem Wetter werden die Jungtiere in der Plastikbox auf die Terrasse gestellt, um sie dem ungefilterten Sonnenlicht auszusetzen. Dabei sorgt das aufliegende Gitter für Schutz vor Feinden wie Katzen, Vögeln oder Mardern. Für Schatten sorgt eine Korkplatte, die das Terrarium zu einem Drittel abdeckt. Eine Überhitzung muss unbedingt vermieden werden. So oft es die Temperaturen zulassen, sollten die Tiere so dem ungefilterten Sonnenlicht und dem natürlichen Klima ausgesetzt werden. Wenn das Wetter es nicht zulässt, werden die Babys in die Wohnung geholt; dort wird auf das Gitter der Plastikbox eine 70-W-HQI-Lampe (Daylight) gesetzt. Diese Lampe erhellt und erwärmt das Terrarium der kleinen Schildkröten. Die Dauer der Beleuchtung beträgt täglich zehn Stunden, wobei unter dem Strahler Temperaturen von bis zu 40 °C erreicht werden. In der Nacht sinkt die Temperatur bis auf 18–20 °C ab. Diese Nachtabsenkung ist förderlich für die Schildkröten und entspricht den Gegebenheiten in der Natur. Die Jungtiere er-

> **WUSSTEN SIE SCHON?**
> Sepiaschale (genauer: Sepiaschulp) besteht zu 41 % aus Kalzium und stammt vom Tintenfisch. Sie wird im Zoohandel für Ziervögel angeboten, ist aber auch ein bewährter Kalklieferant in der Terraristik.

halten dasselbe Futter wie die Adulten, z. B. Löwenzahn, Spitz- und Breitwegerich, Weiß-, Rot- und Perserklee, Malvenblätter und deren Blüten, Brennnesseln und Disteln. Sie werden täglich gefüttert. Zu Beginn können sie auch zwei Mal am Tag gefüttert werden. Es sollte soviel gereicht werden, wie die Tiere umgehend auffressen. Wird gierig alles aufgefressen, ist neues Futter nachzugeben. So wachsen sie rasch heran und können ihr Gewicht nach zehn Wochen bereits verdoppelt haben. Wichtig ist es, den Tieren genügend Kalzium zukommen zu lassen. Dies kann in Form von Sepiaschale, abgekochten Eierschalen oder Taubengrit erfolgen. Sie werden einfach in das Terrarium gelegt und von den Jungschildkröten bei Bedarf selbstständig gefressen. Zerkleinert kann die Kalkzugabe auch über das Futter gestreut werden. Versteckmög-

DER PRAXISTIPP

Ein ausreichend feuchtes Substrat ist enorm wichtig für das gleichmäßige und glatte Heranwachsen der Jungtiere! Unschönes Höckerwachstum des Panzers kann so vermieden werden. Versuche von Wiesner & Iben (2003) an 50 Schlüpflingen der Spornschildkröte ergaben, dass eine zu trockene Haltung bei 24,3-57,8 % bzw. 30,6-74,8 % relative Luftfeuchtigkeit zu stärkerer Höckerbildung führte als eine Luftfeuchtigkeit von 45-99 %. Selbst proteinreiches Futter hatte einen geringen bzw. nicht signifikanten Einfluss auf den Grad der pathologischen pyramidenförmigen Panzerhöckerbildung („Pyramidal Growth Syndrome", PGS). Mit nassen Schaumstoff oder Sphagnummoos in den Unterschlüpfen kann zu einer feuchteren Umgebung beigetragen werden.

lichkeiten zum Beispiel in Form von Korkröhren müssen in das Terrarium der sehr scheuen Babys eingebracht werden.

Die kleinen Schildkröten können wöchentlich ein- bis zweimal gebadet werden. Am Morgen und am Abend wird das Terrarium mit Wasser überbraust, um damit Morgen- und Abendtau zu simulieren. Den Babys sollte eine Trinkschale zur Verfügung stehen, ein Hineinkoten muss verhindert werden. Dieses zwei Mal tägliche Überbrausen sollte den Tieren unbedingt gewährt werden. Bedenken Sie bitte,

Wachstum

DAS Wachstum junger Schildkröten ist von vielen Komponenten abhängig. Menge und Qualität der Nahrung, Licht und Wärmeangebot sind Faktoren, die im Jahresverlauf Schwankungen unterworfen sind. Mit drei Jahren können Spornschildkröten bereits 6 kg wiegen. Als Richtmaße aus der freien Natur können gelten, dass Jungtiere nach einem Jahr das Dreifache ihres Schlupfgewichts, nach zwei Jahren etwa das Fünffache und nach drei Jahren bereits das Achtfache ihres Geburtsgewichtes erlangt haben können.

Es geht allerdings auch schneller: Ein Jungtier, das bei mir mit einem Gewicht von 37 g am 01.07.2002 schlüpfte und von Mai bis September im Freiland gehalten wurde, hatte am 01.07.2005 ein Gewicht von 3.120 g und eine Carapaxlänge von 25,90 cm erreicht. Ein Jahr später wog es bereits 5.450 g. Dabei wies es einen schönen, glatten und wohlgeformten Panzer auf. Bei GIEBNER (mündl.

dass junge Landschildkröten einen höheren Wasser- und Feuchtigkeitsbedarf haben als adulte Exemplare. Sobald es die Witterungsbedingungen zulassen, werden die Schildkröten in das Freilandterrarium überführt, wo sie die Möglichkeit haben, ungefiltertes Sonnenlicht zu genießen und zu grasen. Dieses Freilandterrarium ist ein Frühbeethaus, das teilweise mit einer Hohlkammerplatte abgedeckt ist. Der andere, nicht abgedeckte Teil der Anlage ist zum Schutz vor Fressfeinden mit Kaninchendraht überspannt. Das Frühbeethaus ist per Temperatursteuerung beheizbar.

Spornschildkröten unterschiedlichen Alters. Von links nach rechts: 6 Jahre, 3 Jahre und 3 Tage alt Foto: M. Herz

Mittlg.) hatten zwei Nachzuchten nach drei Jahren ein Gewicht von 2.200 g und 2.430 g; ein Jahr später wogen sie bereits 6.230 g bei 32 cm Carapaxlänge und 5.900 g bei 31,50 cm Carapaxlänge.

Mir sind Jungtiere bekannt, die nach drei Jahren ein Gewicht von 13 kg bzw. 12 kg auf die Waage brachten und dabei zunächst äußerlich keinerlei Mangelerscheinungen aufzeigten. Ob solche „Dampfaufzuchten" auch ein hohes Alter erreichen, ist mehr als zweifelhaft.

Weitere Informationen

ZUR Vertiefung der in diesem Buch gegebenen Informationen und zum tieferen Einblick in terraristische und herpetologische Themenbereiche empfehlen sich die Mitgliedschaft in einem Verein gleich gesinnter Terrarianer sowie ein intensives Literaturstudium. Die folgenden Auflistungen sollen dabei behilflich sein, einen Einstieg in die Thematik zu finden, können aber natürlich nur einen kleinen Ausschnitt aufzeigen.

Für die Spornschildkröte existiert derzeit kein Zuchtbuch. Die Populationen gelten zumindest in Gefangenschaft als gesichert. Sollte sich die momentane Situation der Bestände in freier Wildbahn und in Gefangenschaft ändern, wird ein entsprechendes Zuchtbuch angelegt werden. Weitere Informationen unter: www.studbooks.org.

Artenschutzfragen

Bundesamt für Naturschutz; Artenschutzvollzug; Konstantinstr. 110; 53179 Bonn; Tel.: 0228-8491-1311; E-Mail: citesma@bfn.de; www.bfn.de

Untersuchungsstellen

Kotproben, Sektionen und andere Untersuchungen können von spezialisierten Tierärzten oder von veterinärmedizinischen Untersuchungsstellen, die es in vielen Städten gibt, vorgenommen werden. Eine Liste mit Tierärzten, die sich mit Reptilien und Amphibien beschäftigen, kann über die DGHT bezogen oder auf www.dght.de eingesehen werden.
Überregional bekannt sind z. B. folgende Einrichtungen:

■ Universität München; Institut für Zoologie, Fischereibiologie und Fischkrankheiten der tierärztlichen Fakultät; Kaulbachstr. 37; 80539 München; Tel.: 089-2180-2687; E-Mail: office@zoofisch.vetmed. uni-muenchen.de; www.vetmed.lmu.de/zoofisch/
■ Vet Med Labor GmbH;

Mörikestraße 28/3; 71636 Ludwigsburg Tel.: 01802-838633; E-Mail: info@ vetmedlabor.de; www.vetmedlabor.de; (für privat nur über Ihren Tierarzt)

■ Chemisches und Veterinäruntersuchungsamt Ostwestfalen-Lippe Westerfeldstr. 1; 32758 Detmold; Tel.: 05231-9119; E-Mail: poststelle@ svua-detmold.nrw.de; www.cvua-owl.nrw.de

■ Exomed; Erich-Kurz-Str. 7; 10319 Berlin; Tel.: 030-5112008; E-Mail: labor@exomed.de; www. exomed.de

Vereine und Interessengruppen

Wer sich langfristig mit Schildkröten beschäftigen möchte, dem sei die Mitgliedschaft in einem Verein nahegelegt. Hier bekommt man nützliche Kontakte zu Gleichgesinnten, erhält die Möglichkeit zum Tiertausch, kann sich auf Veranstaltungen fortbilden und erhält regelmäßig die fachspezifischen Zeitschriften. In Deutschland ist es vor allem die Deutsche Gesellschaft für Herpetologie und Terrarienkunde e. V., die sich mit Reptilien und Amphibien beschäftigt (www.dght.de). Im Mitgliedsbeitrag sind u. a. mehrere Fachzeitschriften enthalten. Die größte Arbeitsgemeinschaft der DGHT ist die AG Schildkröten (www.ag-schild-kroeten.de), die neben regionalen Veranstaltungen die vierteljährlich erscheinenden Schildkrötenzeitschriften RADIATA und MINOR herausbringt. In der Schweiz ist es die Schildkröten-Interessengemeinschaft Schweiz (www.sigs.ch), die die dortigen Schildkröten-freunde vereint und die Zeitschrift TESTUDO herausbringt. Österreich hat aktuell mehrere Organisationen; als Beispiel sei die Internationale Schildkröten Vereinigung (www.isv.cc) erwähnt, welche ihre Mitglieder in der Publikation SACALIA mit Fachbeiträgen informiert. Natürlich gibt es auch in anderen Nationen Schildkröten-Vereinigungen: So haben sich die niederländischen Schildkrötenfreunde mit den belgischen zur gemeinsamen Nederlands-Belgische Schildpadden Verenigin zusammengeschlossen (www.trionyx.nl).

Allen Vereinigungen gemein ist die Tatsache, dass deren Mitglieder nicht nur für die Haltung und Vermehrung von Schildkröten sorgen, sondern sich aktiv für den Arten- und Naturschutz einsetzen. Sie unterstützen Hilfsprojekte, koordinieren Zuchtprogramme und bringen den Menschen die faszinierende Welt der Schildkröten näher!

Zeitschriften

▪ REPTILIA, TERRARIA
Terraristik-Fachmagazine
erscheinen je sechs Mal jährlich, mit Internetportal für Kleinanzeigen
Natur und Tier - Verlag GmbH
An der Kleimannbrücke 39/41
48157 Münster
Tel.: 0251-133390
E-Mail: verlag@ms-verlag.de
www.reptilia.de

▪ MARGINATA
Schildkröten-Fachmagazin
erscheint vier Mal jährlich
Natur und Tier - Verlag, s. o.

▪ DRACO
Terraristik-Themenheft erscheint vier Mal jährlich
Natur und Tier - Verlag, s. o.
www.reptilia.de

▪ DATZ
Die Aquarien- und Terrarien-Zeitschrift
erscheint monatlich
Verlag Eugen Ulmer
Wollgrasweg 41
70599 Stuttgart
www.datz.de

▪ Sauria
Terraristik und Herpetologie
erscheint vier Mal jährlich
Terrariengemeinschaft Berlin e.V.
Bruno Treu, Christstr. 10
14059 Berlin
E-Mail: abo@sauria.de
www.sauria.de

Weiterführende und verwendete Literatur

A. Bücher

BAUER, M. (2003): Untersuchungen zur vergleichenden Morphologie des Gastrointestinaltraktes der Schildkröten. – Edition Chimaira, Frankfurt am Main, 333 S.

BUNDESMINISTERIUM FÜR ERNÄHRUNG, LANDWIRTSCHAFT UND FORSTEN (1997): Gutachten über Mindestanforderungen an die Haltung von Reptilien. – Inhaltlich unveränderte Sonderausgabe der Deutschen Gesellschaft für Herpetologie und Terrarienkunde e.V. (DGHT), Rheinbach, 67 S.

DENNERT, C. (2001): Ernährung von Landschildkröten. – Natur und Tier - Verlag, Münster, 143 S.

FRITZ, U. & P. HAVAS (2006): Checklist of Chelonians of the World. –Museum of Zoology Dresden, 230 S.

GRAY, J.E. (1872): Appendix to the Catalogue of Shield Reptiles in the Collection of The British Museum –Teil 1: Testudinata (tortoises). – British Museum, London.

GURLEY, R. (2002): The African Spurred Tortoise Geochelone sulcata in Captivity. – Taxon Media Publishing, ECO Publishing und Edition Chimaira, 80 S.

HERZ, M. (2007): Die Breitrandschildkröte – Testudo marginata. – Natur und Tier - Verlag, Münster, 64 S.

IVERSON, J.B. (1992): A Revised Checklist with Distribution Maps of the Turtles of the World. – Richmond (Eigenverlag), 363 S.

MILLER, L. (1779): Icones animalium et plantarum (Various subjects of natural history, wherein are delineated Birds, Animals and many curious Plants …). – London (Letterpress): Tafel 26.

MÜLLER, M.-J. (1996): Handbuch ausgewählter Klimastationen der Erde. – Forschungsstelle Bodenerosion der Universität Trier, Mertensdorf (Ruwertal), 5. Heft, 400 S.

PAULL, R.C. (1996): The great African Spur-Thighed or sulcata Tortoise Geochelone sulcata. – Green nature Books, 52 S.

PETZOLD, H.G. (1984): Aufgaben und Probleme bei der Erforschung der Lebensäuße-rungen der niederen Aminoten. – Verlag für Biologie und Natur, 786 S.

RUDLOFF, H.-W. (1990): Schildkröten. – Urania Verlag, 155 S.

SASSENBURG, L. (2000): Schildkrötenkrankheiten. – bede-Verlag, Ruhmannsfelden, 96 S.

VETTER, H. (2005): Panther- und Spornschildkröte, Stigmochelys pardalis und Centrochelys sulcata. – Edition Chimaira, Frankfurt a. M., 192 S.

VINKE, T. & S. VINKE (2004): Vermehrung von Landschildkröten. – Herpeton Verlag, Offenbach, 189 S.

WILSON, R. & R. WILSON (1997): The care and breeding of the African Spurred Tortoise, Geochelone sulcata. – Carapace Press, London, 36 S.

B. Zeitschriftenartikel

BIDMON, H.J. (2006): Aquarienheizer, Wasserkanister und Basaltsäulen zur Temperierung von Frühbeeten und Legehügeln während der Freilandhaltung von Schildkröten: Langjährig erprobte, praktikable Alternativen. – Schildkröten im Fokus-Sonderband, Bergheim: 39–48.

BOISSON, D. & N. CHAPON (1978): Vermehrung von Testudo sulcata MILLER in Gefangenschaft. – DATZ, Stuttgart, 31(1): 28–30.

BÖTTCHER, M. (2007): Die Versorgung von Reptilien in der Terrarienhaltung mit ultraviolettem Licht. – elaphe 15(1): 32–37.

BOUR, R. (2004) : Un specimen gigantesque de Centrochelys sulcata. – Manouria, Ucciani, 7(24): 43–44.

BUDDE, H. (1980): Verbesserte Brutbehälter zur Zeitigung von Schildkrötengelegen. – Salamandra 16(3): 177–180.

CADI, A. (2004): Conservation of Geochelone sulcata (MILLER, 1779) last Populations in Ferlo reserve (Senegal). – Programm und Zusammenfassung der DGHT-Jahrestagung 2004: 49–54.

CZERNAY, S. (1993): Spornschildkröten verteidigen ihren Nistplatz. – DATZ, Stuttgart, 46(10): 648–649.

– & G. PRAEDICOW (1988): Haltung und Nachzucht der Spornschildkröte (*Testudo/Geochelone sulcata*) im Thüringer Zoopark Erfurt. – Zool. Garten (N.F.), Jena 58(5/6): 281–305.

DENNERT, C. (2000): Verwendung von Heucobs als Ergänzungsfutter für Landschildkröten. – DRACO 1(2): 52–55.

DEVAUX, B. (2000): La Tortue qui pleure – The crying tortoise *Geochelone sulcata* (MILLER, 1779). – La Tortue, Gonfaron 49: 6–19.

– (2004): Die Spornschildkröte *Centrochelys sulcata* (MILLER, 1779) – Die Schildkröte, die weint. – REPTILIA 9(6): 28–33.

EENDERBAK, B.T. (1995): Incubation period and sex ratio of Herman's tortoise, *Testudo hermanni boettgeri*. – Chelonian Conservation and Biology, Lunenburg 1(3): 227–231.

FUNSCH, H. (2007): Ein Haus für Spornschildkröten. Teil 1. – MARGINATA 4(3):24–30.

HEIMANN, E. (1999): Haltung und Nachzucht der Spornschildkröte *Geochelone sulcata*. – Vortragszusammenfassung der DGHT-Jahrestagung 1999, Rheinbach: 24.

HERZ, M. (2005): Unerwartete Nachzucht von *Testudo hercegovinensis* WERNER, 1899. – Radiata 14(4): 13–19.

– (2007): Anmerkungen zur Aufzucht und Einsetzung erster Eiablagen bei der Ostafrikanischen Pantherschildkröte *Stigmochelys pardalis babcocki* (LOVERIDGE, 1935). – Sacalia 14(5): 5–15.

HOEKSTRA, R. & H.-J. BIDMON (2006): The secret tortoises: *Geochelone platynota*, die Burmesische Sternschildkröte – eine noch weitgehend unbekannte Landschildkröte. – Schildkröten im Focus 3(3): 3–22.

JEITSCHKO, G. & R. WINTER (1997): Haltung und Zucht der Spornschildkröte *Geochelone sulcata*. – Emys 4(1): 20–23.

JOST, U. & H. JOST (2005): Bei den Spornschildkröten im Senegal. – Testudo (SIGS), 14(3): 10–30.

KLEINER, M. (1988): Zur Haltung und Zucht der Spornschildkröte *Geochelone sulcata* (MILLER, 1779). – herpetofauna, Weinstadt 10(52): 6–10.

KODYMOVA, V. & J.J. KONAS (2007): Zucht der Spornschildkröte im Zoologischen Garten Pilsen, Tschechien. – MARGINATA 4(3):18–23.

KUNDERT, S. (2004): Die Spornschildkröte (*Geochelone sulcata* MILLER, 1779) – Konsequenzen für Haltung und Aufzucht. – Schildkröten im Fokus 1(3): 25–34.

– (2005): Haltung der Spornschildkröte *Geochelone sulcata* (MILLER, 1779). – Testudo (SIGS) 14(3): 31–47.

KUPFERSCHMID, M. (2007): www.tropische–landschildkroeten.de

LEHMANN, H.D. (2007): UV-Bestrahlung im Terrarium – der Status quo. –elaphe 15(4): 20–29.

LIVOREIL, B. & A.C. VAN DER KUYL (2006): MtDNA Sequence variation between Eastern and Western *Geochelone sulcata*. – Chelonii, Edition Soptom, Volume 4: 265–266.

MEIER, E. (1997): Eiablageprobleme bei Schildkröten – ein meist hausgemachtes Problem. – REPTILIA 2(4): 62–64.

MILL, E. (2005): Spornschildkröten (*Geochelone sulcata*) – einige Anmerkungen zur Haltung, Zucht und Situation im Tschad. – Radiata 14(3): 13–25.

RODHOUSE, P., R.W.A. BARLING & W.I.C. CLARK (1975): The feeding and ranging behaviour of Galapagos giant tortoises (*Geochelone elephantopus*). – J. Zool. London 176: 297–310.

RUDOLPHI, M. (1999): Zucht der F2-Generation bei *Geochelone sulcata*. – Radiata 8(2): 12–20.

STEARNS, B.C. (1989): The captive status of the African spurred tortoise *Geochelone sulcata* – recent developments. – Int. Zoo Yb., London, 28: 87–98.

WIESNER, S. & C. IBEN (2003): Influence of environmental humidity and dietary protein on pyramidal growth of carapaces in African spurred tortoises (*Geochelone sulcata*). – Blackwell Verlag Berlin, J. Anim. Physiol. a. Anim. Nutr. 87: 66–74.

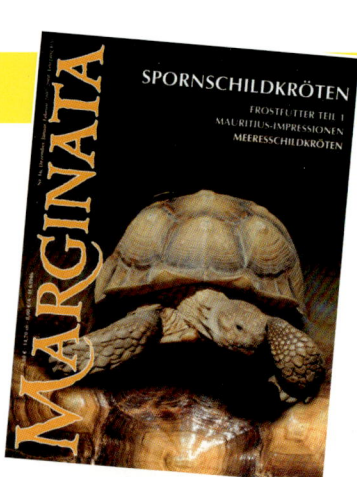